越看越想看的

漫画科学

·动物王国大探秘·

① 乞力马扎罗山下

张劲硕◎编著

航空工业出版社
北京

内容提要

雷顿和艾米跟着博士乘坐量子号飞行器，来到了危机四伏的非洲大草原。借助AI动物语言翻译机，他们可以同威风凛凛的狮王对话，了解到狮群捕猎的秘密；又见证了草原“清洁工”鬣狗“雷达”般的鼻子和它们“兄弟家族”之间的相近习性。还有蜜獾、长颈鹿、犀牛、羚羊……草原动物们各怀独特的“生存秘笈”，人类要向它们学习的地方可太多啦！

图书在版编目（CIP）数据

越看越想看的漫画科学．动物王国大探秘．乞力马扎罗山下 / 张劲硕编著．-- 北京 ：航空工业出版社，2022.12（2024.2 重印）

ISBN 978-7-5165-3201-0

Ⅰ．①越… Ⅱ．①张… Ⅲ．①科学知识－少儿读物②动物－少儿读物 Ⅳ．① Z228.1 ② Q95-49

中国版本图书馆 CIP 数据核字 (2022) 第 242926 号

越看越想看的漫画科学

动物王国大探秘 • 乞力马扎罗山下

Yuekan Yuexiangkan de Manhua Kexue

Dongwuwangguo Datanmi • Qilimazhaluo Shanxia

航空工业出版社出版发行

（北京市朝阳区京顺路5号曙光大厦C座四层　100028）

发行部电话：010-85672688　010-85672689

三河市祥达印刷包装有限公司印刷　　全国各地新华书店经售

2022 年12 月第1 版　　2024 年2 月第2 次印刷

开本：889×1194　1/24　　字数：34 千字

印张：4　　定价：120.00元（全4册）

前 言 PREFACE

什么样的动物是哺乳动物？

有脊椎的动物算吗？鱼类有脊椎，但是它们不是哺乳动物。

用肺呼吸的动物算吗？鳄鱼用肺呼吸，但是它们不是哺乳动物。

体温恒定的动物算吗？母鸡体温恒定，但是它们不是哺乳动物。

海豚有脊椎、用肺呼吸、体温恒定，它是哺乳动物吗？当然是，海豚还有鲸都是哺乳动物。

哺乳动物的种类仅占全部生物种类的 0.2%，却是地球生态系统的顶端占领者，哺乳动物是目前地球上生物进化的最高阶段。了解哺乳动物的共性特点和个性特点，有助于了解生物进化的各个阶段，能够更好地保护野生动物，维护地球大家园的生态环境。

非洲号称“动物百科博物馆”，角马、瞪羚、长颈鹿、河马在悠闲地吃草、生活，鬣狗、蜜獾为了每天的生计在劳碌奔波；狮子尽管是“非洲万兽之王”，但是狮群还是为了食物发愁，难道是因为狮群的狮子太多了，吃不饱吗？

美洲新大陆上神秘的哺乳动物，亚马孙雨林里出没的水豚、大食蚁兽，震耳欲聋的吼猴“大合唱”，还有那些让人时刻都担心的吸血蝠，给雷顿他们的探秘之旅带来了很多惊险和惊奇。

北美荒漠的风沙“呜咽”着讲述人类给地球制造的“伤疤”，曾经数以千万的美洲野牛群、狼群，都去哪儿了？

大洋洲号称有袋类动物的“世外桃源”，这里没有狮、虎、豹这类猛兽，亿万年以来，袋鼠、鸸鹋、树袋熊们在这片乐土上生生不息，是谁挤占了它们的家园，抢夺了它们的食物，是人类吗？还有谁是入侵者？

读完这套《动物王国大探秘》，你会深深地了解哺乳动物的生老病死，你会看到这些或者萌萌可爱、或者威风凛凛、或者“奸诈狡猾”的动物们，它们的过去和现在。这些动物们的未来，也许，就靠你和你的朋友们的努力来维护了。

爱护动物，就是爱护地球，相信你，能做到！

张劲硕

2022 年 6 月

目录 CONTENTS

what??

人物介绍

11岁，百科小达人，聪明调皮，好奇好问也好答，人送外号“牛小顿”。

雷顿

11岁，雷顿同班同学，神算小仙女，多事精，经常跟雷顿抬杠，雷顿背后称她为“学霸掉点渣＝学酥”。

艾米

自称“00”后（“00”后退休）万能博士，年龄保密，科普网红达人，网络江湖人称“有事问博士，有问必有答，有答偶有失。”

博士

雷顿的爱宠狗狗，聪明又懒惰，跟艾米的宠物猫胖虎相爱相杀，一天不见面就想，见面不到一刻钟就打。

阿力

艾米收留的流浪猫，爱干净，爱漂亮，因为曾经流浪的种种不愉快，所以懂得感恩，对艾米和雷顿都很友善。

胖虎

明星动物榜

长颈鹿

狮子

鬣狗

河马

蜜獾

犀牛

斑马

环球动物考察

阿力和胖虎被赶到外面了。博士肯定在专心工作！
请勿打扰
嘘！小点声。
博士，我是艾米，快开门呀！
呃，你的声音比我的还大。
哦！小家伙们，你们来的正好，我正准备做一次环球动物考察，你们要一起去吗？
要去，要去！
我们的假期时间不一定够啊。

这是我刚造好的量子号飞行器，可以进行时空转移，有了它就不用担心时间不够的问题了！
你们进来参观一下吧！
这里装有 AI 动物语言翻译机，能让我们轻松听懂各种动物的叫声。
LEI

博士的考题

有了它，我们就可以跟动物对话了。
惨了！以后我们说话要小心了，不然我们藏起来的骨头和鱼干要被发现了。汪！
知道了，喵！
博士，那我们赶紧出发吧！
是啊，快走吧！
别着急，出发之前，我先考考你们。

你们知道什么样的动物是哺乳动物吗？
呃，能给宝宝喂奶的就是哺乳动物呗。
我知道，人类是哺乳动物，还有猫、狗、牛、羊……也都是哺乳动物。
阿力、胖虎就是哺乳动物。

我可不是哺乳动物，我从来没有喝过妈妈的奶！
那你是什么呢？
雷顿，全世界的哺乳动物有近 6000 多种，你根本数不过来的。我换一种问法吧，哺乳动物都有什么共同特点呢？
这……
博士，博士，我知道。哺乳动物的特点是有脊椎、用肺呼吸、体温恒定、胎生。
要是这样的话，那我也算哺乳动物了？

哺乳动物的特征

艾米说得对，但要注意，要符合全部特征的才可能是哺乳动物。比如，青蛙虽然有脊椎，但它是卵生的，在蝌蚪形态时用鳃呼吸，体温也不恒定，不属于哺乳动物。
鳄鱼也有脊椎，用肺呼吸，但它体温不恒定，并且是卵生，也不是哺乳动物。
对，用肺呼吸的不都是哺乳动物，我们爬行类动物就不是哺乳动物。
鸡同样有脊椎，用肺呼吸，体温也恒定，但它是卵生的。
没错，我们母鸡不会哺乳，不是哺乳动物哦。

大部分的蛇是卵生，虽然蝮蛇是卵胎生，但它并没有胎盘，也不算哺乳动物。
感觉好复杂啊！
艾米，你已经很棒了，能说出这么多哺乳动物的特征。
嘻嘻，那我们是不是可以出发了？
别着急，你们再想想，哺乳动物还有什么特征？

冒汗的雷顿

还有呢？我想不起来了。
唉！免费的旅游，果然不是那么好蹭票的！
你们仔细看看，雷顿的额头上有什么？
汗！雷顿出了好多汗！
出汗也是哺乳动物的一个特征。

我就从来不出汗！
你身上不出汗，但你舌头上滴滴答答流口水！
出汗可以帮助哺乳动物把体内多余的热量带出去。你们看看这张人类皮肤放大的图片。
汗毛
汗腺
表皮
真皮
皮下组织
人类的皮肤有表皮、真皮、汗毛、汗腺等，大多数的哺乳动物皮毛也类似人类的皮肤，但犬科的例外。

所以，即使我们在剧烈运动时，体温变化也不大。
博士，大热天的，您跳一身汗，对身体可不好啊。
你看，即使我剧烈运动，体温还是在37℃左右。
狗其实是有汗腺的，但它的外泌汗腺很少，只在四个脚掌上，所以阿力散热主要是靠舌头，通过口水蒸发吸热来降低体温。
天气一热，它就口水滴滴答答的，原来它是在散热呀！看来是我误会它了。

原来会出汗也是哺乳动物的一大特征呢！
炎热的夏天，在院子里洒些水，水蒸发带走了一些热量，人们就觉得凉快了。这和出汗降温的道理差不多。
那哺乳动物冬天又是怎么保暖的呢？
哺乳动物身上一般都有毛发，毛发之间的空隙充满了空气，就像一堵能够挡风的墙，既能减少体内热量向外散发，又能有效阻止寒风的侵入。

恒温动物与变温动物

博士，能保持体温不变的是不是就叫恒温动物？
哺乳动物和鸟类都属于恒温动物。变温动物的体温会随环境温度的变化而变化。天气一冷，它们的身体就会变得僵硬。变温动物有很多种，比如蛙和蛇。
哎呀，脑袋冻坏了，动不了啦！
哺乳动物即使在冰天雪地的冬天，也能够自如地活动。
大棉袄、二棉裤，不怕零下30度。

现在，大家应该知道哺乳动物都有哪些特征了吧？
身体表面有毛，用肺呼吸，体温恒定，有发达的大脑和感觉器官；绝大多数种类胎生，幼年时要吃妈妈的奶。
博士，别总考我们了，快出发吧！
好吧，其他的我路上再讲，出发吧。
耶！

动物分类法

要识别自然界成千上万种动物，就要给予它们适当的名称，并按一定的种类进行排名。

生物学家们根据地球生物的各种特征，将它们分为域（总界）、界、门、纲、目、科、属、种 8 个级别。

每个级别下面还可以设立亚等级，详细分类如下：域、界、门、亚门、总纲、纲、亚纲、总目、目、亚目、总科、科、亚科、总属、属、亚属、种、亚种。

我们前面提到的哺乳动物属于哪个级别呢？

没错，就是真核域—动物界—脊索动物门—脊椎动物亚门—哺乳纲。

哺乳动物的种类只占地球生物种类的 0.2%，但在整个生物界，它们却占据了最高的位置。

哺乳动物的祖先是兽齿类爬行动物，出现在 2 亿 ~2.5 亿年前的中生代三叠纪。那时候，哺乳动物体形小，在生物圈中地位不高，特别是到了白垩纪和侏罗纪，恐龙的大量出现，让哺乳动物显得更加渺小。

从第四纪以来，哺乳动物逐渐成为陆地上占支配地位的动物。

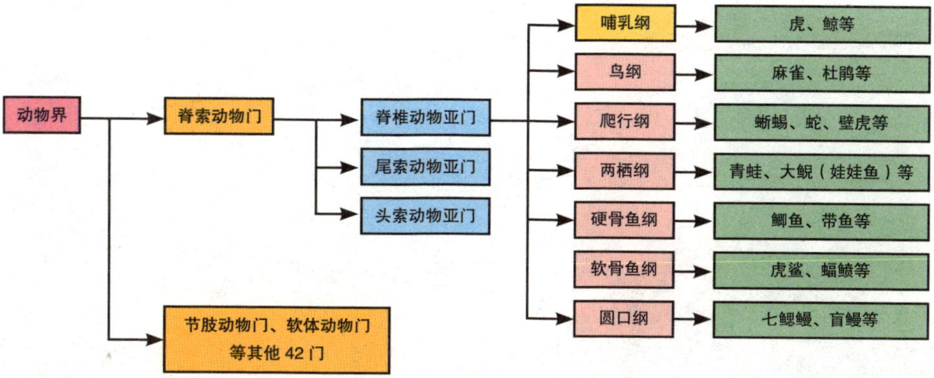

动物影像馆

哺乳动物的分类

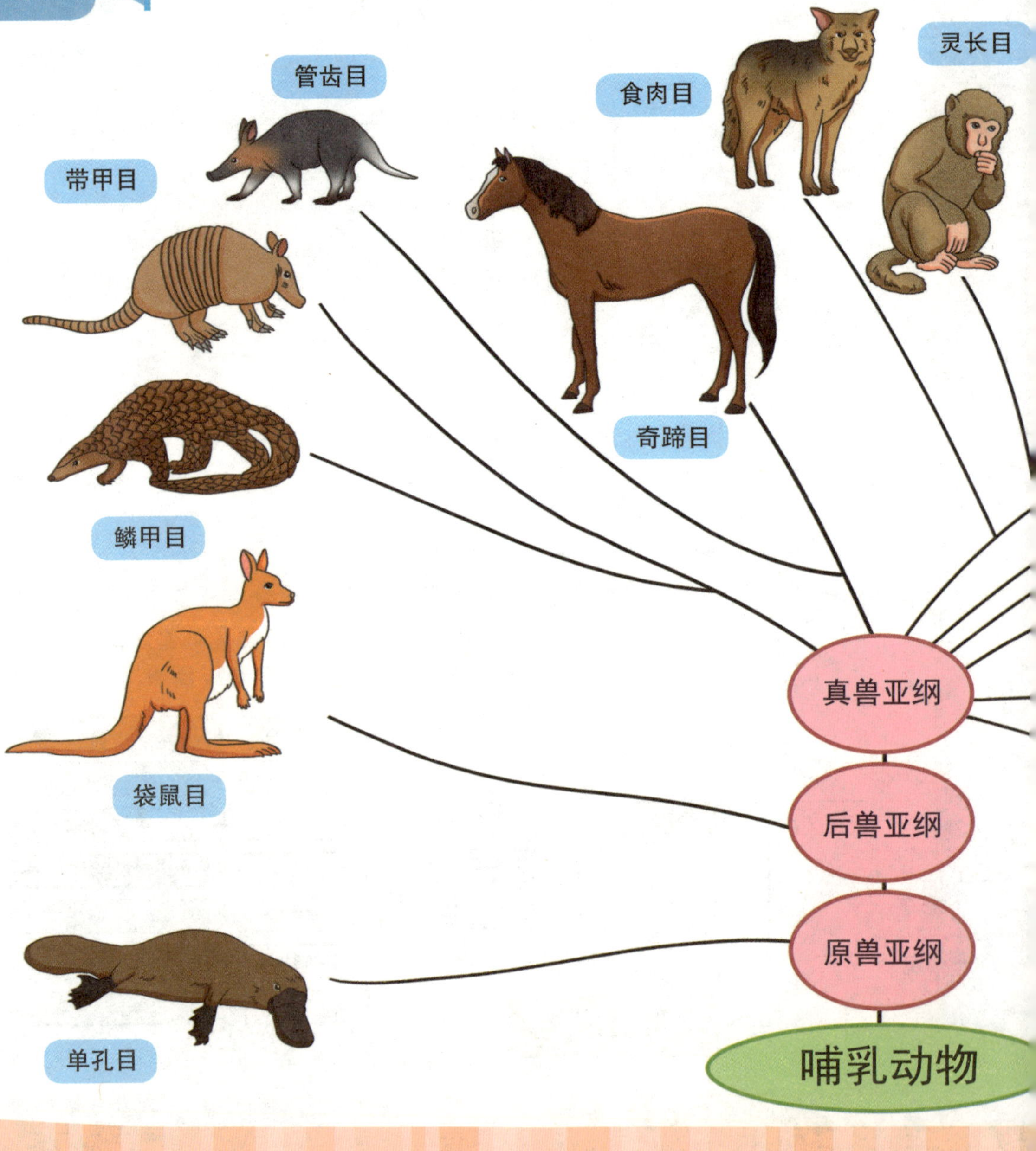

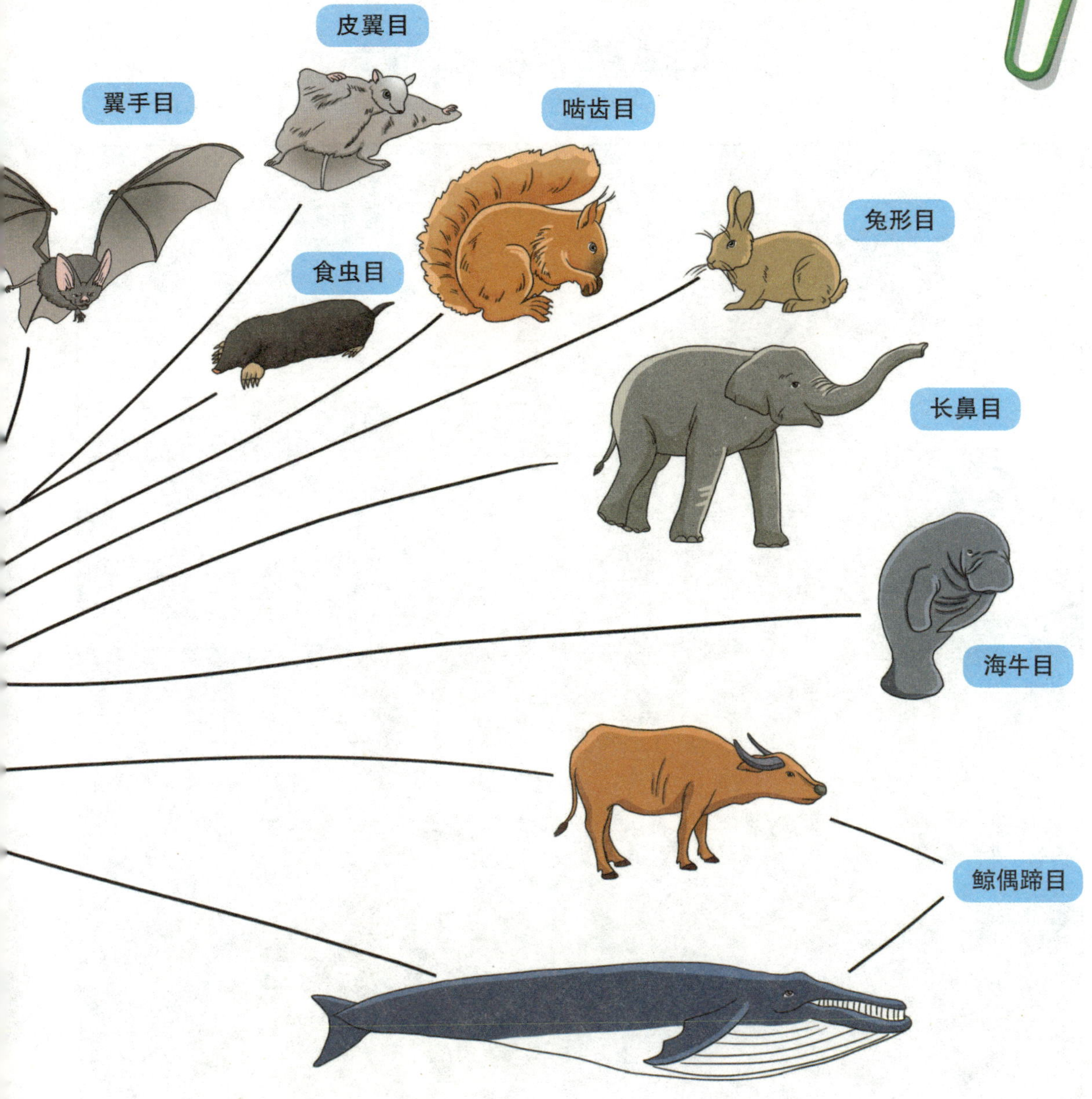
皮翼目
翼手目
啮齿目
兔形目
食虫目
长鼻目
海牛目
鲸偶蹄目

非洲草原风光

看，是羚羊！
这是瞪羚，分布在非洲、亚洲和欧洲，其中非洲最多。
我去跟它们合个影。
危险，回来！

危机四伏的草原

羚羊是食草动物，很温顺的，它们不会主动攻击我吧？
LEI
看头羊的表情和动作，周围似乎有猛兽，还是小心为妙。我们先观察一下。
有古怪，全体注意。

打开AI动物语言翻译机，听听头羊在说什么！
有古怪，全体注意！
唔，警惕性很高嘛！
嘘，注意听！
嗯，我闻到了狮子的气味！

狮子来了，
大家快跑！

咩——

草原王——狮子

狮子围猎是集体行动。雄狮会故意从上风口的位置接近羚羊群，让羚羊闻到自己的气味，驱赶羚羊顺着风的方向逃跑，雌狮们在前面设下伏击圈，等羚羊一到，它们就扑上去……

狮子

哺乳纲－食肉目－猫形亚目－猫科－豹亚科－豹族－豹属－狮亚属－狮

狮子是世界上唯一一种雌雄形态不一的猫科动物，雄狮有鬃毛，雌狮没有。狮子分为非洲狮和亚洲狮，非洲狮主要分布在非洲中部、东部和南部大草原上，亚洲狮是非洲狮的亚种，现在仅存于印度西北部的保护区内。

狮子是群居动物，一个狮群会有8~20只狮子。其中，至少有一只成年雄狮，是狮群的领导者，被称为“狮王”，它平时带领狮群外出打猎，遇到入侵者，要承担保卫领地和狮群成员的职责。

狮群内部分工明确，雌狮们负责狮群的日常生活，照顾幼狮，也负责外出侦察。一旦发现有猎物，特别是大群的食草动物，狮群就会全体出动。雄狮负责从上风口向目标接近，起到恫吓、驱赶的作用，雌狮们则早早地埋伏在下风口，等着猎物走近。幼狮们在留守雌狮的看护下，远远地观战。

猎物被捕获后，狮王有优先食用的权利。这时候，狮群内谁都不能去碰食物；只有等狮王吃饱，懒洋洋地跑到一边休息，其余的狮子们才会分食猎物，雌狮们会让幼狮多吃一点。

在非洲草原上，狮子无疑是王者，它们站在草原食物链的顶端。在这里，它们没有对手，就连鳄鱼有时候也会成为狮子的食物。但是，狮子对成年的大象、河马和犀牛却是敬而远之，因为它们知道，这些庞然大物，招惹了会有大麻烦！幼年的大象、河马等却常常因为落单而被狮子偷袭。

雄狮的幸福

原来狮群主要靠雌狮捕捉猎物呀！
雄狮除了驱赶羚羊群时溜达了一圈，根本没出多大力气。
看，这个狮王，干活它不行，吃饭第一名！为什么它要先吃，小狮子们都还没吃呢！
这是狮群的规则，雄狮一天当中可能有将近 20 个小时在休息。

雌狮不光要负责捕猎，保证整个狮群的食物，还要照顾幼狮，对群内的幼狮一视同仁地照看。

雄狮负责狮群的安全，雌狮负责狮群的生活，这就是狮群内部分工。

狮王的地位也是靠争抢得来的，狮群中每隔几年就会有一场残酷的狮王争霸战。

原来打猎也有危险

它们为什么不一次多捕猎几只羚羊呢？

猎物一旦受到惊吓，就会远远地跑开。雌狮们主要是靠偷袭才能捕猎成功，所以每次只能捕到一两只倒霉蛋。

羚羊群里也有头羊，它会为保卫其他羚羊而拼命！狮子会被头羊的尖角刺伤。

一旦受伤，可能会给狮子留下终身残疾，甚至失去生命。受伤的雄狮会被驱逐出狮群，独自流浪。
如果受伤的是雌狮，就会影响整个狮群的捕猎能力，导致大家都吃不饱。
唉，原来是围三阙一，现在却啥也干不了，光跟着傻跑了。
狮子虽然是草原之王，但受伤后也很可能成为其他掠食者的食物，比如鬣（liè）狗！

那些埋伏的猎手

雷顿，如果你刚才冒冒失失地跑出去，说不定现在已经成了狮子的美餐了！
狮子很善于潜伏，它们会在草丛中匍匐前进，爬行几百米。
一旦猎物经过，它们会突然冲出，猛地从猎物的后面扑上去……
害怕了吧？
博士，我知道错了！

所以，在非洲自然保护区里观看动物，一定不要一个人乱跑，最好是待在车里。
我们出来考察动物，危险无处不在，也许是树梢上，也许是草丛中；可能是大型猛兽，也可能是一些毒蛇毒虫等。
你们知道非洲猛兽十大高手吗？狮子、大象、非洲水牛、尼罗鳄、黑犀、花豹、斑鬣狗、猎豹、河马、胡狼、非洲野犬。
嗯嗯，据说花豹最阴险，经常躲在树上偷袭。

猎豹是短跑冠军，瞬间速度能达到每小时130千米，捕猎的成功率比狮群高出将近一倍。
但是，猎豹的耐力很差，高速奔跑只能坚持二三分钟。
倒霉，今天又白忙活了。
明天再去试试，得离猎物近一点。

草原保洁员——鬣狗

快看，那边是鬣狗吗？
不错，那是非洲特有的斑鬣狗。

阿力，你的亲戚们来了，你去打个招呼吧！喵！
我咋听说斑鬣狗是你的亲戚呢？

快来啊！这边有吃的。
都是我们的！

它们的叫声好难听啊！喵！
它们说的是非洲方言！
斑鬣狗的叫声能够传到五千米以外，它的同伴听到了，很快就能赶过来。
这是狗狗牌对讲机？
LEI
终于又可以饱餐一顿了！
狮子吃得好少，白长那么大个子了！

哥，骨头还剩这么多呢！干吗走啊？
老大又在召唤我们了，那边肯定有更好吃的肉，谁还啃剩骨头啊！

它们怎么跑了？
鬣狗被称作草原的清洁工，它们往往会把食物啃食的一干二净！现在肯定是有新的发现，否则会连骨头都嚼碎吃光的。
看看，你家亲戚活得这么潇洒，你平时都吃不到这么多骨头吧？喵。
明明是你的亲戚啊！它们太浪费了……

斑鬣狗的专用“雷达”

博士，斑鬣狗和狗是同类吗？
在动物分类学上，鬣狗、狗和猫都属于食肉目，狗是犬型亚目犬科，猫是猫型亚目猫科，鬣狗是猫型亚目鬣狗科。所以，鬣狗和猫的亲缘关系还近一些。
你们知道斑鬣狗是怎么知道哪里有食物的吗？
哥，我好像闻到了斑马肉的气味！
嗯，我也闻到了。

的确，斑鬣狗在几千米外就能闻到血腥味，但如果是探测更远的距离，斑鬣狗有专用的“雷达”。
是不是它们的鼻子和狗一样灵敏，远远地就闻到了！
斑鬣狗在搜寻猎物的时候会经常抬头观察天空……
难道它们还能看天象，预报天气？
它们是在观察天上的兀鹫。兀鹫的食物主要是死去的动物尸体，当它们在一个地方长时间盘旋时，就说明那个地方有猛兽捕捉到了猎物。
除了斑鬣狗，狮子也会观察兀鹫，随时准备抢夺猎物。

斑鬣狗的狡黠

博士，斑鬣狗只吃其他猛兽的残羹剩饭吗？

我们可以观察附近的斑鬣狗，看看到底是不是这种情况！
LEI

看，下边就有一群斑鬣狗正在捕猎！

它们怎么不追了？
LEI

是啊，它们怎么改成在草原上散步了？
嘘，咱们用 AI 动物语言翻译机听听它们说什么！
前边有猎物，大家都散开，一组走直线，二组右边，三组左边。小步走，别惊动目标！
大家听我口令再开始加速奔跑，谁吓跑了猎物，罚它三天没饭吃！

斑鬣狗还会用计谋啊，真狡猾！
斑鬣狗跑得很快，平均一小时能跑 40~50 千米左右。它们耐力好，能连续高速奔跑几千米。

倒霉，遇到这么多鬣狗，我得赶紧跑！
斑鬣狗生性凶猛，它们既可以独立生存，也可以群体生活。鬣狗群出动的时候，狮子遇到它们也得逃跑。

这帮可恶的鬣狗，我还没吃呢。
斑鬣狗是顶级的掠食者，它们除了自己捕猎或者吃别的掠食者剩下的食物外，有时还会直接抢夺其他掠食者的食物。

鬣狗

哺乳纲－食肉目－猫形亚目－鬣狗科

目前，生物学家们发现的鬣狗共有四种：斑鬣狗、条纹鬣狗（缟鬣狗）、棕鬣狗、土狼。

其中，以斑鬣狗体形最大，它们生活在非洲草原上，号称非洲“杀手二哥”。鬣狗的上下颌骨咬合力惊人，甚至能咬断非洲水牛的腿骨。猎物一旦被鬣狗咬住，往往会骨断筋裂，迅速失去抵抗力。独行的狮子，见到鬣狗群，往往退避三舍。

鬣狗是典型的母系群居社会化动物，一般雌性比雄性体型要大一些。在鬣狗群内，雌性比雄性的地位高，每个群体的最高首领都是雌性鬣狗。

鬣狗捕食的时候，大部分是群体行动。在首领的带领下，各自分工明确，先偷偷向猎物靠近，到了一定距离，形成半包围状态，然后慢慢小跑，恫吓猎物，让猎物惊慌奔跑。这时候，鬣狗就会拿出看家本事——耐力加高速。鬣狗最高时速可达60千米，可以在时速50千米的情况下持续跑上3~5千米。草原上没有哪种猎物能在高速下跑这么远，最后都会力竭停下来，成了鬣狗的美餐。

鬣狗会主动围猎食物，只有在食物不足的时候，才从其他猛兽那里抢夺食物。

鬣狗的叫声有多种，有时低沉，有时高亢，不同的叫声传达的信息内容不同。鬣狗的叫声穿透力十分强，最远可以到数千米之外。

乔迁新家

土豚： 管齿目动物，舌头很长，主要吃白蚁等昆虫。体长 80~120 厘米，体重 40~60 千克。虽然它们体形较大，但绝不是鬣狗的对手。

斑鬣狗幼崽一般都在巢穴附近活动。斑鬣狗妈妈哪怕出远门，也尽量在两三天内返回来给幼崽喂奶。

一旦斑鬣狗妈妈察觉到巢穴附近有危险时，就会叼着幼崽搬家。

斑鬣狗能够根据气味儿分辨访客。对友善的来访者，斑鬣狗幼崽会“撒娇”表示欢迎。

斑鬣狗的牙齿尖锐有力，颌骨粗壮，用于咀嚼的肌肉也很发达。
即使是水牛或斑马的大骨头，它们也能毫不费力地咬碎，这使它们能够比其他猛兽获得更多的食物。
这小子牙口真好，骨头都嚼碎了。

“三哥”闪亮登场

艾米观察得很仔细，它们确实不是斑鬣狗，而是非洲野犬。
我们通过体形和毛色就能区分它们，野犬的体形大概只有斑鬣狗的一半。野犬身上有斑纹，没有斑点。毛色杂乱，有黑色、黄色、白色等。
非洲野犬的习性和斑鬣狗相差不大，它们也喜欢群居，通过叫声定位，采用群体合作的方式捕猎。
大伙注意，看到猎物，准备战斗！

争斗的“二哥”和“三哥”

非洲野犬的个子这么小，能抢得过斑鬣狗吗？
我感觉够呛！
傻大个，能打得过我们再说……
小鬼，赶紧滚开，小心我连你们一起吃了！
虽然斑鬣狗体形强壮，但野犬通常靠数量来取得胜利。
再加把劲，它不行了！
团结就是力量……

你们知道非洲野犬的外号吗？
难道它们还有什么特别的称呼吗？
哼！我们应该是大哥，最起码也是二哥。
因为战斗力强悍，人们喊它们“非洲三哥”。
几根“豆芽菜”，我今天吃饱了，放过你们吧！
吹牛！我们可不怕你……
非洲野犬由于体形较小，一般只会捕食中型食草动物。
老大，咱们上不上？
咱们还没到揭不开锅的地步，捕猎它们危险性太大，忍忍吧！

1、2、3、4……
这个世道，活着太难了！这几天又少了几个……
非洲野犬虽然是掠食者，但它们目前的生存状态不容乐观。
难道是其他食肉动物对它们的威胁太大了吗？
和其他食肉动物的竞争只是一方面，人类对它们生存环境的破坏才是致命的……

“平头哥”——蜜獾

快看，那边的丛林里好像有争斗。
我们过去看看！
那是蜜獾，因为喜欢吃蜂蜜、蜜蜂幼虫和蛹而得名。
它的头和背都是白色的，好可爱！
也不知道蜜獾能不能逃得掉！
不用担心，这几只非洲野犬对蜜獾的威胁性不算大。不然，它怎么配得上“平头哥”这个称号！

"平头哥"，这个名字也太奇怪了吧！
你过来呀！
狮子很少捕食蜜獾，因为吃不饱，还有受伤的风险。
真晦气，又碰到这家伙，没几两肉，皮还厚。走了，走了……
蜜獾牙齿这么尖，还有爪子，应该不只吃蜂蜜之类的吧？
这正是我要说的，蜜獾是杂食性动物，它们吃昆虫、浆果，还会捕食小型哺乳动物，甚至毒蛇等。
捕食毒蛇？它们不怕中毒吗？！
蜜獾对蛇毒有很强的抵抗力，被咬后睡上一觉就没事了。
不行啦，有点晕，我得睡一会儿！
Z
Z
Z

蜜獾和其他的掠食动物不同，它不会捕食一次后就休息，而是会不停地捕食。因为它总是在运动，需要不断补充消耗的体力。
哎，哥就是劳碌命！
蜜獾幼崽的成活率很低，它们的生育间隔超过12个月。雌性蜜獾在幼崽出生后，为了觅食和哺育后代，每隔三五天就要叼着孩子更换新的洞穴。
附近找不到什么食物，又得搬家了！
为了降低被捕食的风险，一旦蜜獾幼崽能够自己行走，雌性蜜獾就会和幼崽分开，在不同的洞穴居住。
孩子，要学会坚强啊！
妈妈，我不要离开你……

这一路上不是看这个吃，就是看那个吃，看得我都饿了！喵……
我也是！幸好我带了骨头，别跟我说你没带小鱼干！
悄悄地，不要让他们看到！
真好吃！
真是太有意思了！没想到非洲有这么多有趣的动物。
有趣的动物多着呢！接下来咱们还会看到很多……

来到非洲，一定不能错过恩戈罗恩戈罗火山口……
好漂亮啊！

安插“间谍”

这么多的动物，像是一个超级动物园！
恩戈罗恩戈罗自然保护区号称是非洲动植物的“标本馆”。
有几十万只动物啊！
光是白须角马就有一百多万只啊，斑马也有二十多万只呢！
啊，这么多动物，会不会把草都吃光了啊！
我们到地面去观察一下。
要降落了吗？
这里适合降落！

你们在飞船里等一下，我马上回来。
博士，您小心点啊！
这块地势比较平坦，我放一个探测机器人……一切正常，开机！
哈哈，羚羊都在好奇地看我们呢！
羚羊是感觉到有危险。好了，我们走吧！
我们可以通过机器人的摄像头观察附近的动物。
嘻嘻，这是安插了一个“间谍”啊！

下面是保护区动物考察站，我们就停在这里吧！
啊，还有人在这儿住？
这是科学家们为了便于观察保护区内的动物生活习性，建立的考察站。

花脖子大先生

打开显示器，看看机器人周围都有什么！
长颈鹿！它在吃树叶呢！
咦？长颈鹿的舌头怎么是黑色的？
其实不是黑色，是深蓝色。
成年长颈鹿的舌头有50多厘米长，这样方便它卷取更多的树叶。看，轻轻一撸，一根树枝上的叶子就全部进嘴里了。
呀！我要是有这么长的舌头就好啦，吃烧烤多方便。

喂喂喂！牛小顿同学，请你把口水擦一擦。
嘻嘻，想得我都馋了。博士，长颈鹿为什么不吃地上的草呢？
长颈鹿喜欢吃树上的嫩叶子。一般情况下，嫩叶子就足够它们吃了！
而且，长颈鹿的脖子和腿很长，如果想要吃草的话，必须叉开前腿才可以。这个动作对长颈鹿来说很危险。
长颈鹿喝水也是这个动作。

长颈鹿脖子直立吃树叶的习惯，可以让它们确保能随时观察到附近掠食者的一举一动，成为食草动物中的“哨兵”！

不同种类的食草动物，食物有很大区别。斑马和羚羊就是一对很好的例子。

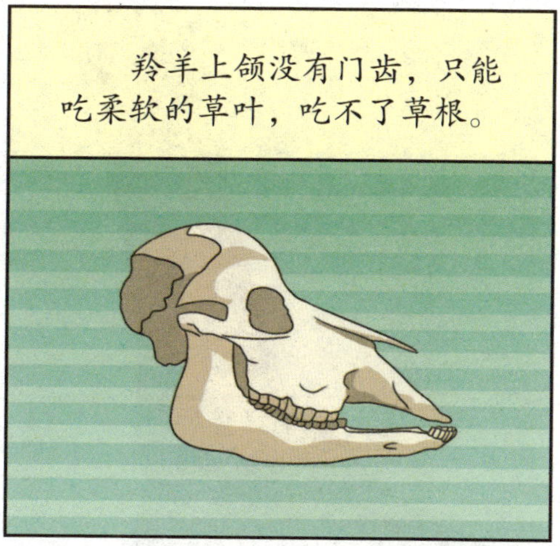
羚羊上颌没有门齿，只能吃柔软的草叶，吃不了草根。

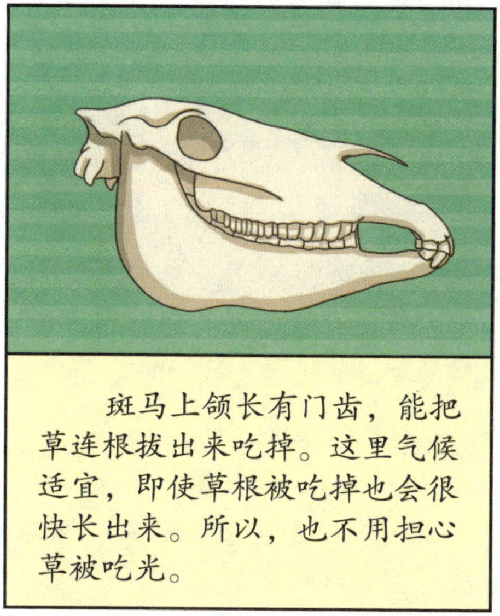
斑马上颌长有门齿，能把草连根拔出来吃掉。这里气候适宜，即使草根被吃掉也会很快长出来。所以，也不用担心草被吃光。

也对，要是大家都喜欢吃一样的食物，还不得打起来！
幸好，我的小鱼干还是安全的！

长颈鹿

哺乳纲 – 鲸偶蹄目 – 长颈鹿科 –
长颈鹿属 – 长颈鹿种

长颈鹿成年雄性一般高4.5~6米，雌性略低一些，体重在700~2000千克之间。

长颈鹿头上有一对短小的角（雌雄都有角），角的外面包覆着绒毛。长颈鹿的眼睛和耳朵后面还各有一对凸起，有人说是角，也有人说是角质层硬化物；个别的头顶上还有一个凸起，曾被人们误认为角。

中国古代传说的“麒麟”，就是按照长颈鹿的样子描绘的。中国古人见过非洲的长颈鹿吗？根据现有史料记载，长颈鹿是在明朝郑和船队带回国内的，可是“麒麟”的传说已经有上千年了。

长颈鹿喜欢群居，群居的成员既包括同类，也包括斑马、羚羊等食草动物。长颈鹿几乎没有天敌，即使是狮子，不到食物极度匮乏的时候，也不会去招惹这个近2吨的大家伙！曾经有人拍摄到饥饿雌狮子扑咬一只雄性长颈鹿，被长颈鹿踢在面部，狮子的鼻梁骨和眉骨立刻粉碎性骨折。

忧心的犀牛妈妈

哇，犀牛！
这里的犀牛有两种，一种是上唇长且向前突出的黑犀，一种是上下唇差不多长的白犀。你们能分辨出看到的犀牛是哪种吗？
黑犀上唇前突。
白犀上下唇等长。

噢，这是一头黑犀。
为什么黑犀和白犀的嘴唇区别这么大呢？

黑犀主要吃树叶和树枝，上唇长些就会比较方便。白犀主要吃地上的草，平嘴唇吃起来更灵活。
这样它们也不会因为食物打架了！
喵！喵！
孩子，动物里没谁敢抢咱们的食物，我是担心人类抢咱们的角啊！
妈妈，你为什么不专心吃草呢？是怕谁来抢咱们的草吗？

黑与白的谬误

博士，这黑犀看起来也不黑啊！明明是深灰色……
这是很多年前的一个误会造成的！据说英国人第一次见到白犀……
这是什么动物？
这是 weit 犀牛。
weit: 当地土语发音，意思是嘴比较宽的犀牛

噢，原来是 white 犀牛啊！
随之白犀这个名字传得越来越广，为了区分，于是就有了黑犀……
哼！我一点都不黑！
听力不好，太害“牛”了！
汪汪！

蹄子的奥秘

长期的生存竞争，动物的体型大都逐渐进化成利于奔跑的形状，变化最大的就是它们的脚。
比如，马的蹄子就非常适合奔跑！
我也想要一副蹄子。
笑死“汪”了，你这是“机器猫”吧！

爬行动物进化成哺乳动物之初，各种动物的脚都有五个指头。由于环境的影响，生存的需要，有的动物的部分脚趾就逐渐退化，最后变成了蹄，这样便于跑得更快。
人们根据有蹄动物后脚脚趾的数目，把它们分为偶蹄目和奇蹄目。后来，偶蹄目又合并成鲸偶蹄目。
博士，我穿上鞋子，也像动物的蹄子一样，可我并没有跑得更快啊！
我们穿鞋子，最主要的是为了保护我们的脚不受伤。

有蹄动物

人们一般把奇蹄目和偶蹄目动物的统称为有蹄动物，泛指那些以植物为食并长有蹄子的哺乳动物。但这种称谓不完整，长鼻目的大象和蹄兔目的动物们也是以植物为食的，也有蹄子。

有蹄动物用趾尖行走，这种行走方式被称为趾行式。这种类型的动物脚趾上通常有蹄，保护脚并减少在硬地上奔跑时的震动。

奇蹄目动物种类比较少，现存有马科、貘科和犀科三个科。

偶蹄目动物种类众多，猪、河马、骆驼、鹿、牛和羊等都是偶蹄目动物。

有蹄动物还有胼足亚目、猪形亚目、反刍亚目、鲸河马亚目等目属，这些目属下动物的进化各有特色。比如，大象的脚已经不是追求奔跑速度，而是要以能支撑大象庞大的身躯为目的进化，所以象脚宽大厚实；海牛和鲸属于海洋哺乳动物，它们的蹄已经退化成鳍状了。

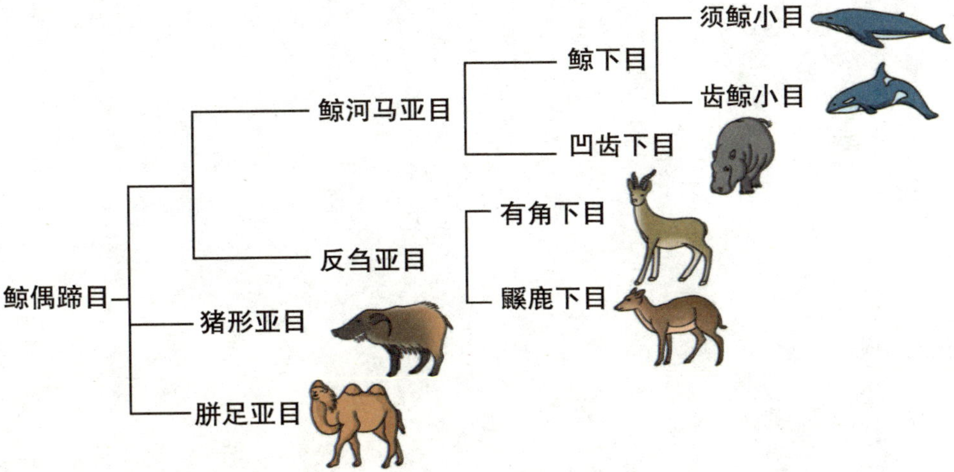

猜猜是谁的脚印
1. 身躯庞大的动物
2. 小巧灵活的动物
3. 爪尖伸缩自如的动物
4. 奔跑如飞的动物

5. 善于长跑的动物
6. 蹦蹦跳跳的动物
7. 跑步轻松自如的动物
8. 擅长爬树的动物

动物影像馆

问·蹄

犄角的奥秘

鹿和羚羊都是偶蹄目动物，想区分它们，要看各自角的特征。
鹿的角一般每年更换一次。在繁殖期结束后脱落，第二年春天长出新的角。
羚羊和鹿不同，它的角一辈子也不会更换。
鹿的角掉了以后，碰到敌人了怎么办？

鹿角是雄鹿在争夺雌鹿时的武器。遇到敌人时，它们只会逃跑，不会战斗，有没有角，对它们来说根本没有区别。
就是一个摆设啊！

痛啊！
羚羊的角是对付敌人的有力武器，所以一辈子都不脱落。在跑不过敌人的时候，羚羊就会用角跟敌人战斗。
网上说，曾经有羚羊用角刺死过狮子……

刚长出来还没有完全骨质化的鹿角叫鹿茸。鹿茸很软也很短，顶部是圆的，没有尖角，不能用于雄鹿间的争斗。

成熟的鹿角全由坚硬的骨头构成，并且有分叉。

鹿的种类不同，它们的角各种各样……
梅花鹿角
马鹿角
麋鹿角
驼鹿角
驯鹿角
麂鹿角

羚羊的角，骨头外面包有坚硬的皮质鞘，没有分叉。

羚羊的角一般都会有一定的扭曲，但总体向上生长。

和牛、羊等比起来，羚羊角的攻击性更强。

大嘴巨兽——河马

看，有一只河马在游泳呢！
河马皮肤上有一种特殊的腺体，分泌物是红色的，作用是保持皮肤湿润。远看就像皮肤干裂流血一样，常被误会是在流“血汗”。
河马可以水陆两栖，若长时间离开水，它们的皮肤会干裂，所以河马觅食、产仔、哺乳都在水中进行。

小河马能游泳，可是它会潜水吗？
LEL
小河马天生就会游泳和潜水，它还能潜入水下吃奶呢！

好大的“口气”

看，它在打哈欠！是困了吗？
那不是打哈欠，河马张大嘴，是为了展示“武力”，是对周围威胁的一种警告！
胖虎每回张大嘴巴就是犯困呢！

河马的主要食物是河岸上的草，河岸上草不够的时候它们会上岸吃一些其他植物。

河马是群居动物，它们休息时也会很亲密地围绕在一起。雄河马在最外面，这样可以保护小河马。

在一起休息还有另一个好处，那就是它们可以把头放在同伴的背上，毫不费力地把鼻子露出水面……

动物名片

河马

哺乳纲－鲸偶蹄目－河马科－河马属－河马种

河马在地球上已经存在5500万年了。远古时期，河马遍布非洲、亚洲和欧洲，在新英格兰地区曾发现过河马的化石。目前，河马仅分布在非洲地区。

河马是食草动物，一般喜欢吃岸边的草，这里临水，草的长势好，鲜嫩可口。可是到了旱季，草越来越少，河马有时候不得不远离岸边去觅食，这是最危险的时候。

别看河马是庞然大物，离开水之后，它们就是一个“无缚鸡之力”的呆呆了。狮子是它们的头号天敌，鬣狗群也会来偷袭它们。

但是，一旦到了水里，河马立刻就会变得“霸气四溢”，连凶猛的尼罗鳄都怕它三分。

河马对自己的地盘看得很重，任何胆敢进入它地盘的动物，包括同类同种的，都会遭受痛击甚至有生命危险。

河马最近的“亲戚”是鲸和海豚，想不到吧！

猜猜谁的脚印答案：
1-熊，2-鼠，3-猫，4-鹿
5-狼，6-兔，7-狐狸，8-松鼠

动物界的奇观

博士，我发现动物们好像都在朝着一个方向走，那里发生了什么？
嗯，我们将要看到一个奇观，非洲草原上的动物大迁徙！
旱季就要到了。非洲大陆横跨赤道，一年只有两季：雨季和旱季。
食草动物们为了找到足够的水源和食物，会成群结队地迁徙。它们要走上将近三千千米才能到达新的草场。
食草动物们走了，那些靠捕猎食草动物为生的猛兽们也跟着一起走，边走边吃掉掉队的动物们，有时候还“拦路打劫”。
换季打劫
商场是“换季打折”，这帮家伙是“换季打劫”！

长途迁徙主要是角马和斑马，其他动物大都迁徙路途较短或者不迁徙。
动物们都迁徙走吗？
其他动物肯定是被猛兽惊动了，吓得也跑起来了。

越看越想看的漫画科学

·动物王国大探秘·

❷ 亚细亚的居民

张劲硕◎编著

航空工业出版社
北京

内容提要

博士带着雷顿和艾米来到了亚洲，认识了护林员辛格，听辛格讲述老虎的成长故事。老虎家族虽然都凶猛异常，却相继灭绝，其中一定有着复杂的原因。猩猩们团结一致，开动脑筋，在领地内抱团生活，种族逐渐繁衍壮大。看来适者生存，物竞天择真是自然界永恒的道理呀！

图书在版编目（CIP）数据

越看越想看的漫画科学． 动物王国大探秘． 亚细亚的居民 / 张劲硕编著． -- 北京 ： 航空工业出版社，2022.12（2024.2 重印）
ISBN 978-7-5165-3201-0

Ⅰ． ①越… Ⅱ． ①张… Ⅲ． ①科学知识一少儿读物②动物一少儿读物 Ⅳ． ① Z228.1 ② Q95-49

中国版本图书馆 CIP 数据核字（2022）第 242924 号

越看越想看的漫画科学
动物王国大探秘 • 亚细亚的居民
Yuekan Yuexiangkan de Manhua Kexue
Dongwuwangguo Datanmi • Yaxiya de Jumin

航空工业出版社出版发行
（北京市朝阳区京顺路5号曙光大厦C座四层　100028）
发行部电话：010-85672688　010-85672689

三河市祥达印刷包装有限公司印刷　　全国各地新华书店经售
2022 年12 月第1 版　　2024 年2 月第2 次印刷
开本：889×1194　1/24　　字数：34 千字
印张：4　　定价：120.00元（全4册）

目 录 CONTENTS

LEI

人物介绍

雷顿

11 岁，百科小达人，聪明调皮，好奇好问也好答，人送外号“牛小顿”。

艾米

11 岁，雷顿同班同学，神算小仙女，多事精，经常跟雷顿抬杠，雷顿背后称她为“学霸掉点渣＝学酥”。

博士

自称“00”后（“00”后退休）万能博士，年龄保密，科普网红达人，网络江湖人称“有事问博士，有问必有答，有答偶有失。”

阿力

雷顿的爱宠狗狗，聪明又懒惰，跟艾米的宠物猫胖虎相爱相杀，一天不见面就想，见面不到一刻钟就打。

胖虎

艾米收留的流浪猫，爱干净，爱漂亮，因为曾经流浪的种种不愉快，所以懂得感恩，对艾米和雷顿都很友善。

明星动物榜

白唇鹿

树鼩

黑豹

低地水牛

老虎

红毛猩猩

雪豹

生命之路

你知道有多少动物参加这次大迁徙吗？
10万？100万？
30多万只斑马做先锋，150多万只角马居中，60多万只瞪羚押后阵，这是大迁徙的主力军。还有许多的食草动物跟随一起迁徙，有时候，大象也会在队伍中出现。
这么庞大的一支队伍，肯定是所向披靡，任何猛兽都望风而逃了。
恰恰相反，食草动物大迁徙，正好是猛兽们的盛大节日。
现在，这下面有3000多只狮子、1000多只豹、200多只猎豹、近万只鬣狗和非洲野犬、不计其数的鳄鱼，都馋涎欲滴地等着大快朵颐呢！

从每年5月中旬旱季开始，动物们走两个月，到塞伦盖蒂国家公园去觅食，路程长约3000千米。等到10月的时候，它们再返回这里。
这个迁徙要持续多长时间？
每次往返，有近一半的动物死在途中，但是也有很多新生命在路上出生，加入迁徙大军。
生生不息啊！
我们也该走了，去下一站！
好啊！！！

飞向亚洲

虎
云豹
猴
鹿
亚洲象
这里也有好多动物啊！
亚洲犀牛
亚洲水牛
亚洲狮
缟（条纹）鬣狗
阿力，那个身上有条纹的鬣狗是不是你的亲戚？
豹
才不是！汪！

这象和那象的区别

亚洲象的鼻尖上端是向前突起的。

非洲象的鼻尖是上下都有突起的地方。

亚洲象生活在热带丛林中，耳朵小不容易被树枝刮伤。非洲象生活在草原上，就没有这个顾虑了。

这就是动物为了适应环境而进化的结果。大象的鼻子刚开始的时候也没有这么长。

后来，为了生存，它们的鼻子才越来越长了。

不对！

达尔文认为：古代的长颈鹿有颈长和颈短、腿长和腿短等多种。当食物短缺的时候，腿长和颈长的能够吃到高处的树叶，容易生存下去，并能遗传繁殖给后代；腿短、脖子短的长颈鹿，因吃不到足够的树叶而饿死。经过许多代以后，颈短、腿短的长颈鹿就被淘汰了；这样，长颈鹿一代代进化下去，就成了今天我们看到的长颈鹿。也有的科学家有不同观点，他们认为只有长脖子长腿的长颈鹿才能找到配偶，这样一代又一代地遗传了基因。

虎象之争

会不会来一场虎象大赛啊？好期待！
天哪，小象被咬死了，太可怜了！
这只老虎可真狡猾，还偷袭！

动物名片

象

哺乳纲 – 长鼻目 – 象科

象是陆地上最大的哺乳动物。现存的有非洲草原象、非洲森林象和亚洲象三个种。非洲草原象体形较大，成年雄象重达 7 吨多；亚洲象体重一般为 3~5 吨。非洲象雌、雄都长象牙，亚洲象只有公象才长象牙。非洲森林象目前只有少量在非洲中西部生存。

象是群居动物，首领一般由雌象担任。象群的分工明确，雌象负责安排每天活动的时间、行动路线、觅食地点、栖息场所等，成年雄象承担保卫家庭安全的责任。象的嗅觉和听觉都很发达，但是视觉较差，到了晚上，它们基本上看不见东西。

在自然界中，象唯一的天敌就是人类，随着人类社会经济的快速发展，原始雨林和草原地带不断地被开发和破坏，野生象的生活区域越来越小。象与人类的生活关联比较紧密，一般被驯化成运输工具，有的被训练成战象。

	亚洲象	非洲草原象
体型	背部较圆，中央突出	头部和腰部突起
前额	两侧突出	中央突起
耳朵	较小	较大
象牙	母象牙小而不外露	公象和母象的象牙等长，且明显外露
鼻子	鼻端上面向前突起	鼻端上下均有突起
活动区域	生活在热带、亚热带的森林中	主要生活在热带草原上

谁是王者

大象体形那么大，应该不怕老虎啊？

对啊，大象是群居动物，还有自卫的武器鼻子和长牙。怎么会让老虎得逞呢？

别忘了，老虎是凶猛的食肉动物，大象是食草动物，而且小象的自卫能力很差。离群的小象可不是老虎的对手！刚才的小象就是贪玩，溜出了象群圈子，才丢了性命。

这里既有狮子，也有老虎，那么它们俩PK，谁能赢呢？
这个叫雷顿的小子在挑拨离间！
让他尝尝我的黑虎掏心拳！
狮子是群居生活，它们的狩猎习惯也是团队行动。
看什么看！没看过这么“帅”的“狮哥”吗？！
那老虎遇到狮群肯定吃亏，老虎从来都是独来独往的！
虎哥，论单打独斗，小弟甘拜下风！
找机会收拾一下雷顿那小子！

虎王的传说

快撤吧，一会儿老虎要过来咬我们了。都怪雷顿撩闲！
哈哈，它有本事飞上天来咬我啊！

我们去野生动物观察站吧！
LEI

到了！

你们好啊，远方的客人，我是护林员辛格，欢迎你们的到来！
您做护林员多少年了？见过很多老虎吧？
辛格先生这么大的年纪了，在这里守护了很久了吧？
我在这里做了四十年护林员了，这里的老虎啊，都是我看着长大的！
老虎是这片森林的王者，凶猛异常。

这片森林里的老虎，属于孟加拉虎亚种，也叫印度虎亚种。它们的远祖 200 万年前从中国黄河流域迁徙过来，最终在南亚大陆定居了。

王者的悲歌

老虎是当之无愧的森林之王，一只孟加拉虎的领地有 40~80 平方千米。据说东北虎的领地能达到 500 多平方千米。
老虎们住在哪儿啊？
老虎没有固定住所，总是在领地四处巡视，累了就在树下休息。
只有雌虎在生育的时候，才会找一个避风的山洞藏身。

老虎妈妈一次能生 2~4 只幼崽。等小老虎长到 3 个月大的时候，雌虎会捕捉小的猎物给它们，教它们撕咬猎物和吃肉的方法。

再大一些，雌虎会带小老虎出去猎食，给它们示范猎取食物的技巧。

幼虎长到一岁，就可以独自去狩猎了。2~3 岁时，幼虎长成了大老虎，它就离开妈妈，去找自己的领地了。

别看老虎是凶猛的野兽，但是它们的种群却面临着灭绝。100 年来，至少有三个亚种的虎已经灭绝了。

谁是虎大

博士，东北虎的体形比孟加拉虎的大吗？
这是误传。有观测者发现最大的孟加拉虎体重超过了 360 千克，比已知最大的东北虎雄虎还重。

我猜啊，孟加拉虎生活在南亚，气候温暖，各种小动物多，很容易捕猎，所以日子过得滋润。而东北虎常年生活在高寒地带，领地虽然大，但是猎物太少，领地走一圈都得几个月，所以累瘦了。

这么说，孟加拉虎领地范围只有几十平方千米，倒是丰衣足食；东北虎有几百平方千米，却吃了上顿没下顿。
是这样，没错。

你说咱俩谁是老大，谁是老二？
咱俩在各自领地都算老大。

动物名片

森林之王——虎

哺乳纲 – 食肉目 – 猫形亚目 – 猫科 – 猫亚科 – 豹属 – 虎亚属 – 虎种

虎是森林之王，尤其是额头上的黑纹特别像汉字中的“王”字，因此显得凶猛威武。

老虎喜欢单独行动，每只老虎都有一片固定的领地，它们一直在领地内巡视，防止同类侵入自己的地盘。

老虎喜欢白天休息，到了傍晚它们就会活动觅食。老虎擅长游泳，夏天为了避暑，它们会在池塘里泡澡。

老虎的祖先是中华古猫，生活在中国华北的黄河流域。

现代虎有九个亚种，都分布在亚洲地区。它们是东北虎（也叫西伯利亚虎）、华南虎、孟加拉虎（也叫印度虎）、印支虎、马来虎、苏门答腊虎、新疆虎（也叫里海虎）、爪哇虎、巴厘虎。

历史上，这些老虎广泛分布在亚洲各地，从乌苏里江东到伊朗，从西伯利亚到中南半岛，每个亚种虎都曾经有几万到几十万只的存在记录。

近 100 年里，新疆虎、爪哇虎和巴厘虎被宣告灭绝，野生华南虎多年未见踪影，中国境内的东北虎仅存几十只（或者更少），印支虎、马来虎、苏门答腊虎野外生存数量减少到几百只。最幸运的孟加拉虎，只剩下不到 5000 只，生活在印度北部的几个保护区里。

喜欢吐舌头的狗

博士，印度这里可真热啊，你看阿力都吐舌头了。
LEI
你忘了，阿力是靠吐舌头来散热的。
可怜的阿力，不能像人类一样有丰富的汗腺出汗。
动物在夏天也会大量补充水分，有时候为了降温也会泡在水里。

冬天的时候，天气比较冷，不需要散热，狗就不吐舌头了，当然了，也可能是狗狗怕舌头被冻住了！呵呵呵……
狼和狗的散热方式是一样的，因为狼属于犬科动物。猫科动物也有这样的汗腺特征。
牛小顿，说正事呢，你又搞怪！
怎么又给我胡乱攀亲戚啊！
还有牛，牛的身体表面也没有汗腺，需要通过舌头进行排汗散热。
我看见牛吐舌头，以为它是嘴馋了呢！

老鼠的大门牙

其实啊，很多动物都有一些独特的生理特点。你们知道老鼠为什么喜欢吃硬东西吗?
因为老鼠的牙在一直长，牙齿过长的话，会撑开老鼠的嘴,它就吃不到东西,会饿死的。所以它要不停地磨牙。
啃硬的东西可以把老鼠长出来的牙磨掉，我们会在家里看到老鼠咬坏的箱子、柜子，旁边总是留下碎屑，说明它们是不吃这些东西的。
完全正确。

除了老鼠，你们知道还有什么动物的牙是一直长的吗？

河狸！
松鼠、豪猪、鼯鼠！
不错！时间差不多了，我们去下一站吧！

猩猩的家园

去加里曼丹岛吧！为了安全起见，我们先派出坦克机器人去侦察一下！
加油啊，小坦克！
大猩猩，看到大猩猩了！

又来游客拍照了，摆个造型！
这不是大猩猩，它是猩猩，俗称红毛猩猩。

这边还有一只！

它这是在干吗？耍杂技吗？
你看它一只手抓在树枝上，用两只脚捧着吃果子，好厉害啊！
长得和人类真像啊！
这么看的话，确实感觉和你有点像！
这样，还有这样。
这家伙会不会是我失散多年的兄弟？

大猩猩和猩猩

猩猩和大猩猩有什么不一样的吗?
它们分属两个种。
大猩猩不就是长大的猩猩吗?
我们通常说的猩猩有三个种属，猩猩属、大猩猩属和黑猩猩属。

大猩猩生活在非洲中部，是各类猩猩中体形最大的种属。黑猩猩也生活在非洲，与大猩猩的分布区域差不多。

1. 以果实和树芽为主要食物。

2. 主要在地上生活。

3. 在树上筑巢过夜。雄猩猩因为身体太重，夜晚在树下睡觉。

4. 腰部发达，能直立行走。

5. 动作敏捷，喜欢集群活动。

大猩猩

猩猩主要生活在印度尼西亚群岛上，因为它们身上长着较长的红棕色毛，所以又叫红毛猩猩或婆罗洲猩猩，细分有 3 个亚种。

2. 主要在树上生活。

3. 在树上筑巢过夜。

1. 以果实和树芽为主要食物。

4. 胸部发达，喜欢攀爬，很少下地直立行走。

5. 喜欢独立活动。

猩猩

差点认个猴祖宗

猩猩的手和脚上的拇指与其他四指相对，且能向内弯曲，便于抓握。手和脚上有指纹，抓握树枝时不易滑落。

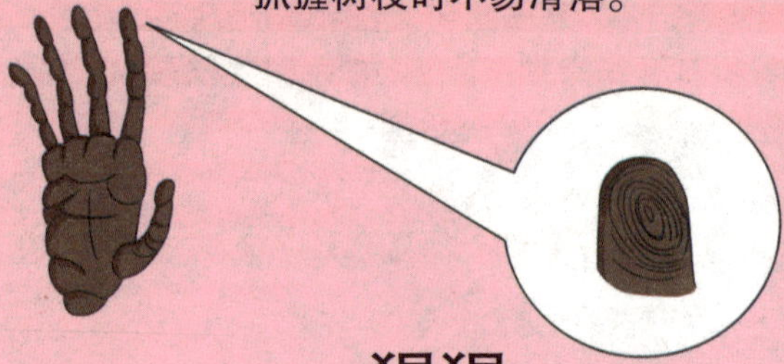

猩猩

大猩猩

猴

可是猴子有尾巴，猩猩没有。
它们吃的食物种类很相似。
猴子和猩猩都是灵长目哺乳动物。在3000万年前还是一家，共同祖先是古灵长类。
后来分家，一支发展成灵长类猴科，一支发展成灵长类人科。
猴子直接就变成人了？
不是猴子变成了人，而是古灵长类进化出了人科，人科包括猩猩、长臂猿和人类。说起来，猴子是哥，猩猩是弟弟，人类嘛……
停停停！博士，我先喝口水压压惊，差点认个“猴祖宗”！

人类和猩猩、猴子的生物分类学关系确实很近。

聪明的黑猩猩

有一种猩猩特别聪明！
是什么猩猩啊？难道比人类还要聪明吗？
这只小猩猩好萌啊？毛发还是湿漉漉的。
就是它，黑猩猩。这只黑猩猩刚出生不久，胎毛比较多，等长大了就变得光滑漂亮了。

黑猩猩大脑很发达，智商仅次于人类。

黑猩猩在遇到困难的时候，知道找工具帮助自己。

黑猩猩还会用树枝将白蚁的窝捅开，然后抓跑出来的白蚁吃。它们还会在遇袭的时候拿木棒将敌人击退。

经过训练的黑猩猩在摘取高处食物的时候，会想到借助木箱和木棍来增高。如果有果子卡在圆筒里，它们会拿木棍将果子捅出来。

黑猩猩特别喜欢模仿人类的动作，比如开锁、吃西餐等。

这么看，黑猩猩是挺聪明的！
感觉它们聪明得快成精了，都快赶上艾米的智商了！
你怎么突然哭了？
我一直觉得我才是与人类最亲近的动物，没想到黑猩猩才是！
对对，我再也不藏小鱼干了！
博士，您可别抛弃我啊！

又来了一个亲戚

树鼩外形跟老鼠、松鼠都挺像的，尖尖的嘴巴，长毛大尾巴。
其实，树鼩和它们俩一点关系都没有。
树鼩和松鼠、老鼠的区别是没有大门牙。
松鼠头骨
树鼩头骨
汪汪！不会是啃骨头崩掉的吧！

树鼩的食物以昆虫为主，有时候捕食小型鸟类，偶尔也吃点果子、谷粒之类的。
那树鼩会不会和鼹（yǎn）鼠是同类？
树鼩的视力非常好，适合生活在树上；鼹鼠嗅觉比较好，视力却不好，适合生活在地下。二者不是同类。
树鼩大脑
鼹鼠大脑
我的嗅觉也不错，我也适合生活在地下。汪——
你们看一下这个图，就知道树鼩的视力有多好，鼹鼠的嗅觉有多好了！深红色部分是视觉神经区域，黄色部分是嗅觉神经区域。

树鼩曾经被归类为灵长目动物。
但是它跟猩猩、猴子一点都不像啊！
有人认为，人类和树鼩都是从 6000 万 ~8000 万年前的共同祖先进化来的。
你们看看黑猩猩的手和树鼩的爪子。
真的吗？为什么这么推断？

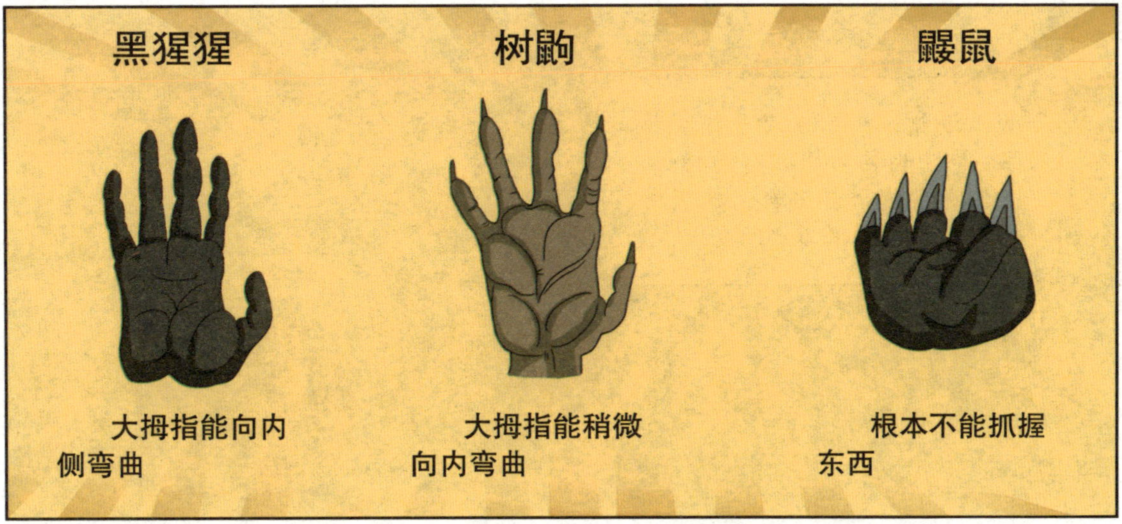
黑猩猩
树鼩
鼹鼠
大拇指能向内侧弯曲
大拇指能稍微向内弯曲
根本不能抓握东西

树鼩的手和脚可以抓握东西。
能抓握东西就是灵长类吗?
这……

没错，用爪或者手抓握物品，是灵长类动物独有的特性。我们再看这个进化表，就明白树鼩跟人类的关联性了。

树鼩

动物名片

哺乳纲 – 真兽亚纲 – 树鼩目 – 树鼩科 – 树鼩属

树鼩生活在热带、亚热带地区的丛林中，喜欢潮湿的环境，偶尔在农户小院内也能看到它。但是一般人都把它当成老鼠了。

树鼩可比老鼠灵活多了，猫都追不上它。之所以把它归为灵长类，主要是它的颅骨、神经系统等都与灵长类有着密切的相似性与相关性。爪子也跟猿类的相似，可以抓握东西，眼睛在面部前面。树鼩的大脑发达，大脑和体重比为1:30，在动物界算是比较高的了。

最新的DNA测试表明，树鼩跟人类的关联性有93%左右。有人推测，树鼩是爬行动物在向灵长类进化过程中的一个环节。

树鼩的智商很高，会八门语言（鸣叫声）。

树鼩的情商很高，一对雌雄树鼩彼此忠诚，相守终生。

树鼩的繁殖力较强，一年多胎，每胎能生3~5只，出生后5~6个月就能长成。

因为树鼩与灵长类有高度相似的特征，再加上它较强的繁殖能力，现在，它成了科学家实验室里的明星。

头上飞过的猫猴

猫猴既不是猫，也不是猴，它属于皮翼目动物，学名叫鼯（wú）猴。

皮翼目动物身体两侧从颈部直至尾部长着又大又薄的滑翔膜，可以像背着滑翔伞一样，在空中滑行。

它们到底是猫科还是猴属啊？
鼯猴，跟猫不沾亲，跟猴也不带故。
万幸，我可不想有这个丑亲戚！

据考证，鼯猴所在的皮翼目在8000万~1亿年前，跟灵长目有共同的祖先。
灵长目
皮翼目
灵长动物
攀兽目
灵长总目
啮齿动物
兔形目
啮齿目

鼯猴在滑翔的时候，采用背跃式起跳，张开双翼，扑向目标。它的滑翔距离最长可达 60 米以上！
鼯猴也会卖萌的！
在东南亚，有很多关于鼯猴的传说，认为它是邪恶的化身。

牙疼要猫命

哺乳动物用牙齿咀嚼食物，牙齿会受到各种损伤。
野生动物吃的都是粗糙的食物，虽然不会像人那么容易长虫牙，但是也会患有各种牙齿病。
小豹子，肉吃多了容易塞牙缝。你看我，天天吃草和树叶，不但健康养生，植物里的纤维还能清洁牙齿呢！
哼，少说风凉话，我都疼死了。

那些在动物园里生活的动物，经常吃到游客扔给它们的甜食，得牙病的概率就更大了。
哎哟，我也开始牙疼了！

雷顿的火眼金睛

我的牙不会也长虫牙了吧！
以后你们要少吃点糖哦！
不吃了！不吃了！
我们在附近转转。天黑了，很多夜行动物要出来了。
我的火眼金睛马上就要派上用场了，哈哈哈！
就你还火眼金睛呢！你是——眼睛瞪得像铜铃，啥也看不清！

那我们现在就比比，看看谁能先发现目标！
好啊！
你俩别比了，我这老花眼都发现了！
那是什么？是牛吗？
多此一问！

脾气大的低地水牛

这是低地水牛，也叫低地倭水牛。
我们先降落下来，远远地观察一下。
低地水牛是世界上最小的水牛之一，一般肩高不超过1米！
感觉它好小啊，比我们平时见到的那些牛都小。

危险，快回来！
我跟它比比谁高！
低地水牛生性孤僻，易怒，万一被你惹恼了，就麻烦了！
博士，我们还是用你的“小坦克”观察吧！
对啊，你不说我都忘了。

关键时刻，它还是挺管用的！

我们去飞机上待着，通过远程视频观察！

让“小坦克”跟紧点。
你们看，低地水牛往河边走了。

它进入水里了。
看了半天，只有它一头牛，它没有同伴吗？
低地水牛喜欢独居生活，即使交配后的雌、雄牛，也各自过各自的。
低地水牛怕热，喜欢泡在水里，也经常在泥水中打滚。
低地水牛以水生植物、蕨类植物、草、树苗、落果、棕榈和生姜等为食。
生姜也敢吃啊，佩服佩服！

我发现低地水牛的牛角和常见的水牛角不太一样！
真的呢，像山羊角，往后长。
水牛的角粗大，扁宽，向脑后方弯曲；低地水牛的角是直直的，扁平形，角尖向后。
家养水牛
低地水牛

印度尼西亚除了低地水牛，还有山地水牛，都是珍稀物种。
这些水牛脾气火暴，难以驯化，不能耕田吧！
好了，我们讨论下一站去哪里吧。
嗯……
呃……
喵！
汪！
要不我们去马来西亚吧！
好呀！
那就出发！

动物名片

水牛

哺乳纲 – 鲸偶蹄目 – 牛科 – 牛亚科 – 水牛属

水牛属有四种：低地水牛、山地水牛、亚洲野水牛和民都洛水牛。

低地水牛是世界上最小的水牛之一，目前只在印度尼西亚的部分岛屿上生存，十分稀有。它们体长不到 2 米，肩高不到 1 米，体重一般为 150~300 千克。低地水牛长有一对直直的牛角，生于前额，角尖向后，雄性的角比雌性的大些。它们活动迟缓，不擅长跳跃，被紧逼时，会用匕首一样的犄角向敌人发起攻击。低地水牛通常单独或成对生活在热带平原的水边，喜欢泡在水里，是食草类哺乳动物，喜欢吃水生植物的嫩枝叶。

在印度尼西亚，同样生活着珍稀的山地水牛。它们一般生活在山坡上的丛林中，喜欢待在水塘边。山地水牛和低地水牛的区别不大，经常会被误认为对方。

民都洛水牛只生活在菲律宾的民都洛岛偏僻的草原上，是极度濒危动物。

亚洲野水牛目前分布在亚洲的不丹、柬埔寨、印度、缅甸、尼泊尔和泰国等地。据统计，目前存量不到 4000 头了，是濒危野生动物。

水牛还有最大的一个分支，就是家养水牛，这是属于家畜概念了。

家养水牛　　低地水牛　　民都洛水牛　　山地水牛

家养牛

牛是我们最常见的动物，它对于人类的生产和生活都有重要的作用。在机械动力没有发明之前，牛是人类重要的生产工具，提供畜力耕田和运输。牛奶、牛肉是营养丰富的蛋白质来源，牛皮、牛毛也能够被人类充分利用。

家养牛主要有水牛和黄牛两大类，其他还有牦牛、瘤牛等。

牛不挑食，只要是草都能吃，特别是收割完庄稼后剩余的麦草、稻草，是家养牛爱吃的食物之一。

牛有4个胃：瘤胃、网胃、瓣胃和皱胃。牛可以一次吃得很多、很快，然后就去干活了。等不忙的时候，把胃里的草又返回到嘴里，再次咀嚼和吞咽，这就是牛的反刍。牛吃的草中纤维很多，经过反刍后，草才能充分消化。

先狼吞虎咽地吃下去，马上还要干活。

食物进入瘤胃和网胃。

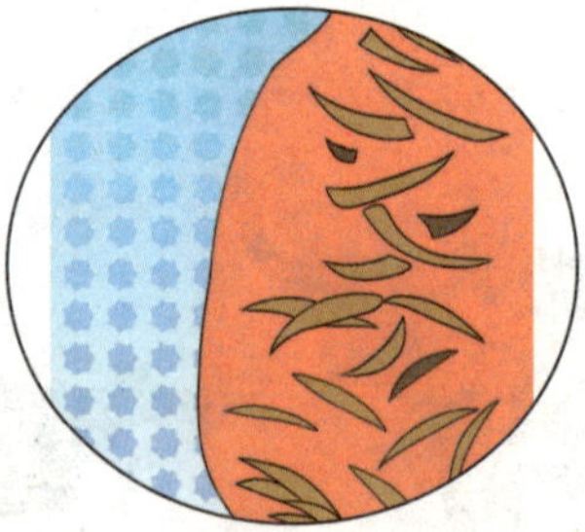

瘤胃是发酵罐，负责将食物软化并发酵；网胃是过滤器，负责把草料中的石子等杂质挑出来留存在这里。

现在不忙了，把瘤胃中已经软化和发酵的食物再返回到嘴里咀嚼。

嚼得越细，越容易消化。人类常说，细嚼慢咽啊！老牛们都说，嚼过 188 次，草料能嚼出美酒的味道，你信吗？反正我是信了。

被咀嚼过的食物又经过瘤胃、网胃，被送到瓣胃，这里既能把食物再次加工研磨细，又能把多余水分吸收掉。

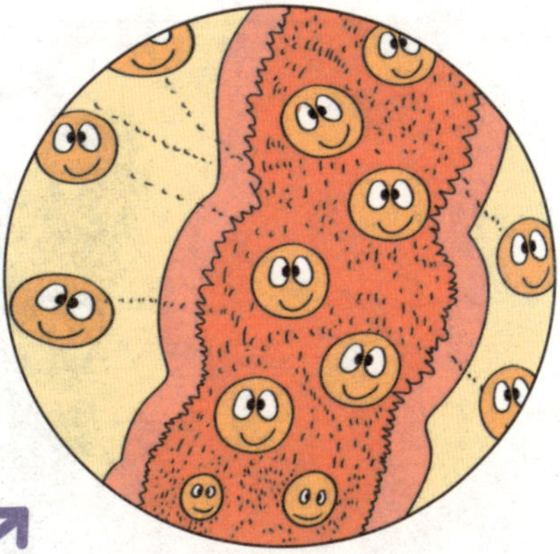

最后，食物被送到皱胃，食物的大部分营养在这里被吸收，然后会被送去肠道，在那里再被吸收一遍营养。

黑豹是太阳晒黑的吗

嗯？开启夜间红外模式观测。
博士，下面有黑影在动！是不是有什么动物盯上我们了？
镜头拉近一些。
是黑豹！马来半岛特有的黑豹。
黑豹和花豹有什么关系呢？

有研究表明，黑豹是豹子的皮肤发生了黑化变异，产生了过多的黑色素。仔细看，黑色皮肤上还是有花纹，跟花豹很相似。

黑豹的眼睛看起来好凶啊。
这是因为黑色皮肤映衬着凶相，人类对黑色的动物有与生俱来的恐惧和厌恶。

在全球各地都发现了黑豹，但都是个例，唯独马来半岛这里，黑豹已经形成了种群。

你们看，这是黑豹小时候的样子，是不是也没那么凶，还挺可爱的啊？
小时候可爱，长大了就凶恶了。
黑豹属于猫科动物，它们当然像啦！
等等，你们有没有发现，胖虎和黑豹有些像！

动物都是怎么睡觉的

博士，黑豹这么晚出来，那它白天都在睡觉吗？
这还用问啊，不睡觉哪里来精神找吃的啊！
那请问艾学酥，动物们睡觉的姿势是什么样子的？踢被子吗？打呼噜吗？说梦话吗？
去去去，牛小顿，我懒得理你。
LEI
看看阿力和胖虎，就知道动物们睡觉的样子了。
大型的猛兽，比如狮子、老虎等，睡觉都是就地找个地方，随意一躺就行，因为没有谁会来侵犯它们。

豹子们会随便找个树杈趴在上面睡觉，这样安全。

狼是群居动物，一般是找个背风的地方，留一个放哨的，其他都睡觉。

草食动物就不敢这么大意了。睡觉的时候，都是围成一圈，成年斑马头朝外，幼小的斑马在圈子里。

长颈鹿站着睡，它们睡觉一般就是打盹，会时不时地醒来观察一下四周的动静。
请勿打扰
大象睡觉也是站着睡觉，它们喜欢靠着树干，这样能支撑它们的庞大身体。
你看，阿力已经睡着了。狗和狼睡觉的时候，都要把耳朵贴在地面，附近有什么声音，可以迅速地站起来应对。
Z
Z
Z

七猫之地

我带你们去一个号称“七猫之地”的地方。

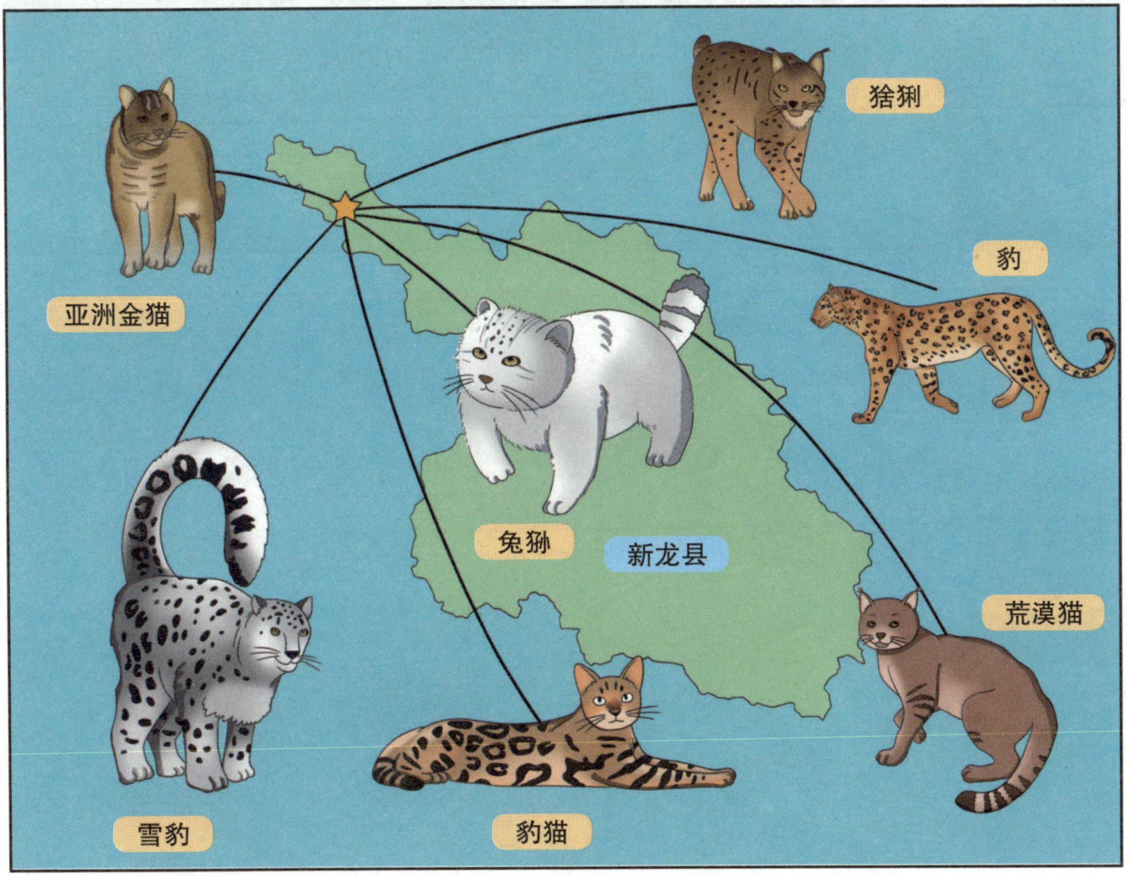
猞猁
亚洲金猫
豹
兔狲
新龙县
荒漠猫
雪豹
豹猫

千万别去啊，虽然它们都是“猫”，可都是大猫、凶猫、狠猫啊！
晚上怕是看不清楚吧。
别担心，有红外摄像机和热成像仪。
就是这里，四川省新龙县扎尕（gǎ）神山，“七猫之地”到了！

来了一只白唇鹿。
岩羊也跑出来了。它们都是白天活动的，大晚上跑出来，肯定是被猛兽惊动了。
这不是大一号的胖虎吗？
喵！

金猫是中型猫科动物，主要捕食中小型动物，金猫不能捕食白唇鹿和岩羊这些体形大的动物，周围肯定有更大的猛兽。
会不会有老虎？
这里虽然是七猫之地，却没有老虎在这里。
金猫也曾经被发现过有黑色的变异，说明猫科动物黑色变异体普遍存在。

大猫乐土

又来了一只猞猁。博士，猞猁在全世界都有，这里的猞猁有什么不同吗？
赤猞猁（短尾猫）
加拿大猞猁
我国境内的猞猁，都是属于欧亚猞猁，是猞猁种类中体形最大的。
西班牙猞猁
欧亚猞猁
是不是耳朵上各有一撮毛，脚上穿着厚厚的毛靴子？
耳朵上的毛，叫耳簇，猞猁都有耳簇。脚上穿毛靴子的是加拿大猞猁，欧亚猞猁腿上的毛发没有加拿大猞猁厚。

这个家伙够胖的！也是猞猁吗？
这是兔狲，它和猞猁长得很像，但耳朵上有区别，兔狲没有耳簇。另外，你看它们的体形，猞猁是中型猫科动物，体重最大可达 30 千克，而兔狲是小型猫科动物，大小跟普通家猫差不多。
还可以看毛发厚度，兔狲毛发相对更厚，像是穿着一件貂皮大衣。
兔狲主要捕食鼠类、旱獭等小动物，是草原的保护者。
兔狲不发威，你当我是胖橘啊？！！！

这是七猫之地最珍贵的野生动物雪豹，是国家一级保护动物。
全世界的雪豹，有一半分布在我国，主要在西北、西南的高山地区。
雪豹看起来没其他的豹子那么凶呀。
你错了，它们都是大型猫科动物，都具有攻击性，我们不要去主动骚扰它们。

这是豹猫还是荒漠猫？
这是荒漠猫，是我国唯一的一种特产猫科动物，它的明显特征是有耳簇，体形跟兔狲差不多，民间也叫它“草猞猁”。
豹猫也是小型猫科动物，浑身有豹纹，主要分布在亚洲地区。
雪豹、豹、荒漠猫、兔狲、亚洲金猫、猞猁和豹猫，七种大猫、小猫啊！我要是能天天撸七种猫多好啊！
得了吧，恐怕是它们“撸”你牛小顿吧！

这里的雪豹和荒漠猫已经消失多年，最近几年又出现了，说明这里的生态环境改善了很多。
我们继续等吧，希望今天运气好，能看到更多的“猫”们。
LEI
我觉得可能啥都看不到。你们这么一大帮子，什么野兽都得吓跑了！
哎呀，我家胖虎还懂得动物行为心理学啊！

归途见闻

博士，天都亮了，没等到猫，倒是等来了一只牦牛，没意思啊，咱们走吧。
我还以为能看到藏羚呢！
牦牛也是中国特有的野生动物啊！全球 90% 的牦牛都生活在中国。
藏羚生活在青藏高原上，这里是高山峡谷地带，不是它们理想的家园。

又来了一只麂（jǐ）子！
这是黄麂，是国家二级保护动物，主要生活在我国西南地区。
在我国江南山区，有一种黑麂，又叫“蓬头麂”，是中国独有的麂，国家一级保护动物。
麂是鹿科麂亚科动物，跟鹿关系很近。它的体形普遍比鹿小，其中小麂只有狗那般大小。
LEI
快走吧，我们在这里，大猫小猫都不敢出来觅食了。

我们向东飞吧。

下面是秦岭山脉，川金丝猴的老家在这里。

我们这一路上会看到广西的白头叶猴。
长江中的白鳖豚。
在江苏大丰，生活着中国特有的麋鹿。

博士，您忘了最重要的一个物种。
我知道你肯定要说大熊猫。
我喜欢那只名字叫“团子”的网红熊猫，它把我的心都给“萌”化了。
人们都喜爱大熊猫，也了解大熊猫，大熊猫得到了很好的关爱和保护。我们还要关爱更多的野生动物。

胖虎的作业

就这么走了？
博士啊，我饿得不行了，有事明天再说吧。
听好了，作业！回去每人写一篇 800 字的游记，少一个字，下次就别去了！阿力、胖虎也要交。

啦啦啦，作业完成啦！
画画也算作业？
哼，胖虎，你把自己画在C位，却让我出丑，咱们走着瞧！

越看越想看的漫画科学

·动物王国大探秘·

③大洋洲的入侵者

张劲硕◎编著

航空工业出版社
北京

内容提要

博士把自己关在实验室里三天三夜？原来是为了研制红外线眼镜！有了这个“法器”就可以观察光线暗处的动物们了。喜欢冬眠的熊，藏在洞穴里吃松果的松鼠，袋鼠妈妈育儿袋里的小袋鼠，树丛掩映下呼呼大睡的考拉，在水边挖掘洞穴的鸭嘴兽……就连鲸鱼喂养小鲸鱼都能看得清！自然界的物种真是太神奇啦！

图书在版编目（CIP）数据

越看越想看的漫画科学．动物王国大探秘．大洋洲的入侵者 / 张劲硕编著．-- 北京 ：航空工业出版社，2022.12（2024.2 重印）

ISBN 978-7-5165-3201-0

Ⅰ．①越… Ⅱ．①张… Ⅲ．①科学知识－少儿读物②动物－少儿读物 Ⅳ．① Z228.1 ② Q95-49

中国版本图书馆 CIP 数据核字（2022）第 242925 号

越看越想看的漫画科学

动物王国大探秘・大洋洲的入侵者

Yuekan Yuexiangkan de Manhua Kexue

Dongwuwangguo Datanmi・Dayangzhou de Ruqinzhe

航空工业出版社出版发行

（北京市朝阳区京顺路5号曙光大厦C座四层　100028）

发行部电话：010-85672688　010-85672689

三河市祥达印刷包装有限公司印刷　　全国各地新华书店经售

2022 年12 月第1 版　　2024 年2 月第2 次印刷

开本：889×1194　1/24　　字数：34 千字

印张：4　　定价：120.00元（全4册）

目录 CONTENTS

吃掉一切

人物介绍

11 岁，百科小达人，聪明调皮，好奇好问也好答，人送外号“牛小顿”。

雷顿

11 岁，雷顿同班同学，神算小仙女，多事精，经常跟雷顿抬杠，雷顿背后称她为“学霸掉点渣 = 学酥”。

艾米

自称“00”后（“00”后退休）万能博士，年龄保密，科普网红达人，网络江湖人称“有事问博士，有问必有答，有答偶有失。”

博士

雷顿的爱宠狗狗，聪明又懒惰，跟艾米的宠物猫胖虎相爱相杀，一天不见面就想，见面不到一刻钟就打。

阿力

艾米收留的流浪猫，爱干净，爱漂亮，因为曾经流浪的种种不愉快，所以懂得感恩，对艾米和雷顿都很友善。

胖虎

明星动物榜

棕熊

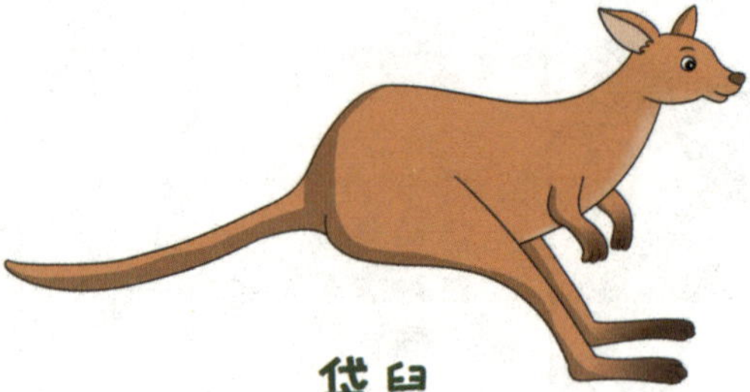

袋鼠

树袋熊

袋獾

鸭嘴兽

抹香鲸

海獭

博士的古怪行为

博士回来就把自己关在实验室内，三天都没出来了。
肯定是你的作业不合格，惹博士生气了呗。
我好歹还交了作业，你只交了两根不知道啥动物的骨头。
我那叫实物探究作业好不好！嘘，博士出来了。
大半夜的，他出去干嘛？肚子饿了去吃夜宵？
跟在后面，说不定能蹭吃一顿。
喂，你们两个小东西，出来吧！
糟糕，躲在黑影里还是被发现了。

哈哈，你们看，有了这个红外线眼镜，我晚上也能看清一切了。
那不就像我的眼睛一样了？
很多动物是夜行动物，喜欢昼伏夜出。有了红外线眼镜，我就能在夜里观察动物了。

雷顿，走！博士打电话让我们去他的实验室一趟。
唉……上次作业做得不好，博士会不会说我呀？
博士，你戴的这个眼镜好帅啊，更年轻了！
小滑头，作业再敢敷衍，下次出去考察可就不带你喽！
下次？我们又要去考察了吗？去哪里？
暂时保密！

超级宠物

艾米、雷顿，你们喜欢宠物吗？
当然喜欢了，看我把胖虎喂得多好！
得了吧，胖虎有一多半的时间是在我家混饭吃的。

艾米，你有没有想过养一只大型宠物？
博士，您在开玩笑吗？难道要我养一只大象？

大象倒是不适合作宠物，如果是一头2米高的棕熊呢？

棕熊虽然被划分在食肉目下面，但是长期的进化，让它们养成了杂食性的饮食习惯。小到老鼠、野兔，大到羊、鹿等，甚至鱼、野果、树叶，都可以成为棕熊的食物。

棕熊

动物名片

哺乳纲－食肉目－熊科－熊属－棕熊种

棕熊是大型哺乳动物，体格健壮，肩背隆起，直立起来有2~3米，体重200~500千克。它们身上毛发厚实，四肢粗大，爪子上有长长的爪尖，异常锋利。

棕熊行动缓慢，外表憨傻，实际上它奔跑速度很快。它们追捕猎物的时候，常常利用高速奔跑和肥大的身体产生的冲击力冲撞对手，往往会给对手致命一击。棕熊掌力惊人，它们的巨掌可以击碎牛的肩胛骨。

棕熊对人类的攻击性不强，甚至到人类居住的地带寻找食物。但是，哺乳期的雌性棕熊往往会对周围经过的人或动物发起攻击，以维护幼崽的安全。棕熊每胎生一两只幼崽，偶尔生三四只。幼崽跟随母熊生活3~6年，长大后独立生活。

棕熊在野外几乎没有天敌，即使遇到老虎，最多也是两败俱伤。但是棕熊的幼崽往往会被狼、豹等偷袭杀死。

棕熊的食性很杂，虽然被划分为食肉目，但是它的“菜单”上，从肉、蛋、鱼、虾，到蔬菜、水果、谷物、干果等，样样都有。

棕熊有17个亚种，历史上曾遍布欧洲、亚洲、北美洲。但是在近代，棕熊受到人类的捕杀和驱赶，分布区域已经严重萎缩，有些亚种在野外已经消失，仅在动物园中有少数存在。

不敢要这个大宠物

穿好防寒服，我们下去看看。
会不会把它吵醒？
熊为什么一定要冬眠呢？
棕熊冬眠质量很好，除非受到猛烈攻击，否则它会一直这么睡下去。事实上，除了人类，冬眠的熊就没有敌人，别的动物闻到它的气味就躲得远远的了。

冬眠乐淘淘

北方的冬天，到处冰天雪地，觅食困难。熊为了抵御寒冷，减少能量消耗，进化出了冬眠的本领。

在秋天，熊拼命地吃东西，碰到什么吃什么，以此来补充能量。消化不完的食物就转化为脂肪储存在体内。

吃饱喝足的熊，在降雪之后，就会找一个洞穴呼呼大睡。

传说熊睡饿了，还可以舔自己的熊掌充饥。

这是一个讹传。猎人们发现入冬前猎获的熊的熊掌比春天的熊掌脂肪多，就认为熊在冬眠时，饿了就舔自己的熊掌。其实，真正的原因是熊掌的脂肪跟熊体内的脂肪一样，被它们自己消耗了。

哺乳动物中，不少动物有冬眠习性。比如，北方草原上的黄鼠，几乎就是半年活动，半年冬眠。
一到冬天，黄鼠就钻进树洞或地下，像死了一样睡一整个冬天。
直到第二年春天，它们才出来活动。

松鼠在冬天也猫冬，秋天的时候它储存大量干果在洞穴里。
大雪后，它就进洞待着。不过松鼠不冬眠，而是在洞穴里吃吃睡睡，睡睡吃吃。
到了春天，就会看到一只又大又胖的松鼠出洞。

熊孩子的来历

熊在冬眠的时候，体温会下降，心跳会放缓，呼吸频率也会降低，身体的一切机能都只维持在最低状态。这样，身体的能耗也最低。
熊的冬眠是浅度冬眠，有时候会醒来，出去找点吃的再回来接着睡。
等春天来了，熊刚出洞，身体一般很虚弱，这时候它们就需要大吃特吃了。

棕熊一般会在夏秋季交配，雌熊在整个冬眠期孕育胎儿。
次年春天，熊宝宝在洞里出生了。等夏天来到，熊宝宝就可以跟着妈妈出洞玩耍了。
熊妈妈很伟大啊，消耗自己体能的时候，还要孕育熊宝宝。
所以说，熊孩子不听话就要挨打啊！否则对不起妈妈。

胖虎的骄傲

棕熊的生存状况比东北虎好太多了啊！
我觉得主要是因为它不挑食，所以生存能力强，有肉吃肉，没肉吃素。再看看东北虎，无肉不欢，宁可饿着，也要坚决吃肉！跟胖虎一个德性！
我们猫科动物生来就只吃肉，宁缺毋滥，哪像笨熊和笨狗阿力，啥都吃。
关我啥事啊，躺着都中枪，信不信我咬你？
有本事上来啊！

博士，猫天天爬树上房，太危险了，它们不怕摔下来吗？
猫也怕摔，但是它们有“防摔”绝技，就是平衡能力。脊椎动物包括人类，都有调节身体平衡的能力。
在脊椎动物的耳朵里有一个可以调节平衡的器官，叫半规管。
一旦身体发出不平衡的信号，半规管就会立即报告给大脑。

大脑接收到信号后，会立即发出调节的命令。
猫身体灵活，调节平衡的能力比其他脊椎动物更强。
猫从高处摔下来时，可以迅速调整身体，让四肢先着地，脚上的肉垫缓冲，这样摔伤的可能性就很小了。
那就是说，也有摔伤的可能了？胖虎，听见没有，下次不许爬树了。
喵！那是不可能的！

“羊”多势众

【注释】目前，人类已知第一、第二和第三宇宙速度。其中第三宇宙速度 16.7km/s，
阳系所需要的速度。第四宇宙速度是指航天器飞出银河系的速度，现在还在探究阶段
至少在 550km/s，也有人说只要 110~120km/s 就可以了，但是都无法论证。博士说
宙速度，是在开玩笑。

这么多绵羊！澳大利亚号称“骑在羊背上的国家”，果然名不虚传啊！

澳大利亚绵羊数量比他们国家人口数量还多。

哼！绵羊仗着“羊”多势众，把我们的地盘占了，害得我们都快没地方待了！

为什么绵羊在澳大利亚会繁殖得这么快？
澳大利亚有大片的草原，温暖的气候，在这里，绵羊没有天敌，加上人类有意的培育，数量自然就越来越多了。
1798 年，英国军官麦克阿瑟将一批西班牙美利奴细毛绵羊引入澳大利亚。在安全舒适的天然大牧场里，澳大利亚的养殖业发展迅猛。最多的一年这里有 1.7 亿只绵羊，人均 9 只。
为什么这里会没有绵羊的天敌？难道进化论在澳大利亚不起作用？

在大洋洲，哺乳动物进化缓慢，始终停留在后兽亚纲阶段，基本上是有袋动物。而同时期其他陆地上的哺乳动物已经进化到了真兽亚纲。

温柔的侵略者

大洋洲在亿万年前与欧亚大陆板块分离，当时大洋洲的生物仅进化到初级哺乳动物，后期进化相当缓慢，没有进化出大型猛兽。像袋鼠、树袋熊这些都是有袋类哺乳动物，属于后兽亚纲。

其实，有袋类很脆弱，他们在大洋洲习惯了千万年安逸的环境，一旦有外来物种入侵，它们就会束手待毙。
听说过澳大利亚“兔灾”吗？
我知道，澳大利亚跟人畜无害的兔子斗争了100多年。
禁止养兔
违者罚款
$44,000max
真搞笑！养兔子还罚款啊！
这些看起来面善的兔子，实际上无组织、无纪律，还无限繁殖，他们把大片的草原啃光，让绵羊没草吃，袋鼠饿肚子。
占山为王
据说，这么多年来，澳大利亚总共捕杀了100亿只以上的兔子，可是收效甚微啊！
看这张图，白色是“兔灾”严重区域，占三分之一以上的陆地面积了。

泛滥的兔子，在草原上打洞筑巢，兔子洞遍布草原，造成水土严重流失。
天堂里也有我们袋鼠的眼泪啊！
我看有报道说，兔子的泛滥成灾造成了澳大利亚近百年来十余种生物灭绝。
××日报
恐怕还不止这些，因为之前的记录不完整，所以难以统计。
唉，可爱的小兔兔在澳大利亚的名声可真是不好啊！
生物入侵真可怕，看来侵略者也可能有着温柔的面孔！

与袋鼠的赛跑

跑得真快！
是“跳”得真快，你要不要过去和它比比？
啊，这个奇怪的东西怎么还跟着我啊？
袋鼠奔跑速度可以达到每小时50千米！

袋鼠走路和奔跑的时候，只用后肢，长长的尾巴能起平衡作用。它双脚起跳，一次能蹦 8~9 米远。
博士，别追了，这样下去会把它累死的。
是啊，我看见它育儿袋里还露出半截小脑袋呢，别吓坏袋鼠宝宝了。
我们到那边树荫下观察吧。

袋鼠的育儿袋

（白犀名字的来历趣闻参见第一册）

有袋类动物没有胎盘，刚出生的胎儿还没有发育完全，所以要进育儿袋再发育一段时间。

袋鼠妈妈在肚皮毛上舔出一条“路”，袋鼠宝宝沿着这条路爬进妈妈袋子里。

进入育儿袋后，小袋鼠没有力气吸奶，袋鼠妈妈就使劲收缩肌肉，把奶水喷射进宝宝嘴里。

袋鼠宝宝在育儿袋中生活半年，就可以下地了，遇到危险就赶紧跑回育儿袋里。
袋鼠宝宝在育儿袋里，要是想“嘘嘘”和“便便”怎么办?
袋鼠妈妈会把宝宝的粪便舔出去，再把袋子里舔干净。
呕……
LEI

袋鼠宝宝在袋子里的时候，就跟着妈妈学吃草。

袋鼠宝宝躺在妈妈的“袋袋”里太舒服了，肯定不愿意离开。
胖虎、阿力快回来，不要去追袋鼠，危险！
LEI

袋鼠

动物名片

哺乳动物纲 – 后兽亚纲 – 袋鼠目 – 袋鼠科

袋鼠，顾名思义为有袋的动物，主要分布在澳大利亚，是澳大利亚国宝级的动物。

人们一般说的袋鼠是指袋鼠目下的大袋鼠属动物，而袋鼠目下有很多细分分类，包括树袋熊、袋貂、鼠袋鼠等。

大袋鼠属下面又分为十几种，一般的成年袋鼠可以长到 1.6~2 米高，体重可达到 50 千克以上。最大的灰大袋鼠，体重最高可达到 90 千克。

袋鼠是跳高冠军，平时它们都是以跳代跑，最高可跳 4 米，最远可跳 13 米，可以说是跳得最高、最远的哺乳动物。

雌性袋鼠的腹部长有育儿袋，育儿袋里有四个乳头。小袋鼠在育儿袋里接受哺育，直到 6~7 个月时，小袋鼠才可以短时间地离开育儿袋，一年后正式断奶离开育儿袋。

袋鼠的尾巴又粗又长，长满肌肉，不但可以在袋鼠跳跃的过程中平衡身体，帮助袋鼠跳得更高、更远，还可以充当它的第五条腿，在袋鼠休息的时候，像一个小板凳一样，支撑着袋鼠的身体。

考拉考拉萌萌哒

考拉的规范中文名叫树袋熊。考拉是译音，是俗称。
考拉的名字会不会也是“误传”啊？
还真是！考拉的英文单词 Koala 来自土著语言，本意是“不喝水”。
因为树袋熊的主食是桉树叶，可以给它提供日常需水量的 90%，所以它很少喝水。

而且，树袋熊只吃桉树叶的老叶子，不吃嫩叶。
这是为什么？
桉树含有大量毒素，嫩叶子毒素含量更高，老叶子的毒素含量却大大降低，所以树袋熊只吃老叶子。
所以，在动物园或者野外观察的时候，如果不了解动物的习性，不要轻易去投喂野生动物，否则会造成麻烦。

曾有人拿新鲜的桉树叶子喂食树袋熊，结果树袋熊中毒了，严重腹泻，最后死亡。
啊！好惨啊！
博士，据说树袋熊的育儿袋是在背上，是真的吗？
LEI

这是误解。以前人们看到的都是树袋熊幼崽趴在妈妈背上，就以为树袋熊的育儿袋是在背上。
实际上，树袋熊的育儿袋也在肚子上。而且奇特的是，树袋熊的育儿袋开口是向下的。
那小宝宝很容易掉下来呀！
不会的，育儿袋周围的肌肉很有力，平时是紧缩的，只留通气孔。小树袋熊要出袋了，挠挠妈妈的肚皮，妈妈才会松开袋口。
育儿袋开口向下还有一个原因是，小树袋熊吃的食物中，有一种是雌树袋熊从肛门分泌的半流质、消化过的桉树叶，里面有蛋白质和有益的肠菌，会增加小树袋熊的抗毒能力。
咦，那也太不卫生了！

萌是假，真是傻

你们知道树袋熊的智商很低吗？
啊？那么会卖萌、那么可爱的树袋熊，智商怎么会低呢？
科学家研究过，树袋熊的大脑容量与体重的比例，在哺乳动物中是很低的。
是真的吗？原来以为它是萌，没想到它是真傻啊！
解剖学发现，树袋熊的大脑中有大量脑脊液。
哦，那还真是脑袋“进水”啊！
LEI

我就是一天睡觉觉 20 小时，吃饭饭 2 小时，发呆呆 2 小时，我就是小懒懒，你们爱我吗？

动物名片　树袋熊（考拉）

哺乳动物纲－后兽亚纲－袋鼠目－树袋熊科

人们喜欢考拉，是因为它的萌态。它的大名，就是中文规范名字叫树袋熊。

树袋熊从小就会爬树，但是它们下树的时候总是倒退着，笨呼呼的，动作十分缓慢，而且是屁股先着地。偶尔重重地摔下来也没事！在哪里摔倒了，它们就在哪里发会儿呆，也许小半天就过去了。

树袋熊每天大部分时间都用来睡觉，体力消耗很小。其余时间用来觅食和不断地发呆。

树袋熊是有袋目哺乳动物，跟袋鼠的繁殖方式类似，是无胎盘生育，因此，新生的幼崽必须在育儿袋中继续发育成长。

成年树袋熊可以长到70~80厘米，体重能达到10千克左右；新出生的幼崽却只有2厘米大小，5~6克重。树袋熊没有尾巴，这给它行动的平衡性带来一定的麻烦。

树袋熊的食物主要是桉树叶，这是其他草食动物都不敢吃的树叶。桉树叶中含有某些毒性极高的苯酚，树袋熊能有效地对付和化解这些毒素。

袋袋世家

博士，都说大洋洲是有袋动物的天堂，这里还有哪些有袋动物？
让“小坦克”去看看吧。

有袋动物在大洋洲进化缓慢，现在的物种跟 7000 万~1 亿年前的区别不大。
没有压力就没有动力，你看，没有猛兽的压力，动物们都没有进化的动力了。

那牛小顿是不是先做个表率呢？

来了来了。这是什么啊？
这是斑袋鼬。
斑袋鼬是澳大利亚本土最大的食肉动物。
这么小，还“最大”？
又来了一只大老鼠？
这是袋獾，原本是大洋洲最大的食肉动物，现在澳大利亚本土已经没有了。只在周围岛屿上尚存一些。
这个混得更惨，原来是老大，现在却被赶到小岛上去了。

看，有只袋貂在树干上蹲着呢。它们也是大名鼎鼎的动物呢！
没听说过啊！
袋貂本来生活在澳大利亚本土，生活比较艰难。200 多年前，被殖民者带到了新西兰，它们仿佛到了天堂，迅速繁殖，现在已经给当地造成严重危害了。
啥时候我也能有这个机遇啊！
你啊，下辈子吧！
它们伤害当地动物吗？看着是人畜无害的样子啊！
不，袋貂只吃植物，它们在新西兰没有天敌，对当地的植物造成了毁灭性打击。袋貂繁殖数量庞大，还经常进入城镇中，严重扰民。

动物
影像馆

灭绝的有袋族

大洋洲大陆及周边的岛屿，曾经是有袋目动物的天堂。据考古研究发现，在非洲南部和北美洲、南美洲都出现过中生代有袋动物化石。最后，除个别在南美洲尚存之外，其他的有袋目动物都被大洋洲接纳了。

随着近代大洋洲的殖民化，现代人类的到来，对有袋类动物带来了致命的打击。

下面这些是已经灭绝的有袋类动物，而同样的灭绝现象，正不断地发生着！

袋狼，又名塔斯尼亚虎，灭绝于1936年。

东袋狸，灭绝于1940年。

新南威尔士白袋鼠，被称为“澳大利亚最漂亮的动物”，灭绝于1927年。

劫后余生的有袋类

太可怜了，说灭绝就灭绝，呜呜呜！
生物进化都有这个过程，还没人替恐龙哭呢！
LEI
有袋类的抵抗力和防御能力太弱了。除了个别生存能力强的，绝大多数都属于濒危动物了。
2019 年 9 月的澳大利亚森林火灾，延续了半年之久，很多濒危动物都消失不见了，就连树袋熊都被烧死了一千多只。

这个是负鼠，也是有袋类动物生活在南美洲和澳大利亚。负鼠下属很多种，大都是濒危物种。

这个叫南鼩（ér），也叫智鲁负鼠，属于微兽目微兽科的有袋动物，祖籍在澳大利亚，现在只生活在南美洲。

这是蜜袋鼯。它长着毛茸茸的大尾巴，十分招人喜爱，经常全家几口一起飞行，动作非常整齐。

蹭进哺乳纲的家伙

博士，网上说鸭嘴兽是哺乳动物，却又是生蛋孵化下一代的，我有点糊涂了。

鸭嘴兽是低等哺乳动物，生物学家分析，这是因为它进化不完全，所以造成既产卵孵化，又哺乳幼崽的现象。

生物学家推测，鸭嘴兽的祖先可能是水生或者两栖爬行动物，所以，现在它们还是在水边生活。

别忘了，哺乳动物的第一个特征，就是哺乳幼崽。鸭嘴兽有哺乳行为，所以划到哺乳纲。
那干嘛不划分到爬行纲里？却划归哺乳纲动物。

动物分类学是严谨的，不是你说的这么随便。
这么说，鸭嘴兽是蹭进哺乳纲来的，对不？其实它是生蛋的！
阿力，我还没有吃过鸭嘴兽的蛋，你去拿一个来我尝尝。

哺乳的鸭嘴兽

鸭嘴兽

动物名片

哺乳纲 – 单孔目 – 鸭嘴兽科 – 鸭嘴兽属 – 鸭嘴兽

鸭嘴兽是最原始的哺乳动物之一，已经有亿万年的生存历史。它们虽然没有灭绝，但是也没有进化多少，始终在“过渡阶段”徘徊，充满了神秘感。

鸭嘴兽全身裹着褐色柔软的浓密短毛，四肢很短，五趾上有钩爪，脚趾间有薄膜似的蹼，嘴巴（喙）又宽又扁，像面具一样装在脑袋上。它们和鸭子的嘴巴有些相似，但是鸭嘴兽的嘴巴非常柔软，像皮革材料一样，上面布满神经，能像雷达扫描器一样，接收其他动物发出的电波。

雄性鸭嘴兽的后肢脚踝背面有一根空心的刺，当敌人攻击它时，它会用后肢向敌人猛戳并放出毒液，导致敌人产生神经损伤、肌肉收缩和血液凝固等症状，甚至是死亡。所以，任何动物都不可貌相，鸭嘴兽外表可爱，其实也是非常危险的。

鸭嘴兽刺杀事件

嘴像鸭子的嘴，有扁平的角质喙。喙上有孔，鸭子的鼻孔在喙的基部，鸭嘴兽的鼻孔在喙的前端。

尾巴像鱼一样，能够控制方向。

鸭嘴兽

雄鸭嘴兽后脚上有一根毒刺。

脚和蛙的一样，趾间有蹼。

在洞穴中产卵孵化幼崽，每次产卵 2~3 枚。

喵，博士，不好了，阿力被鸭嘴兽咬伤了。
胖虎，你瞎说啥呢，鸭嘴兽嘴里没有牙齿，怎么可能咬伤阿力？
真的啊，不开玩笑，阿力都口吐白沫了。
LEI
雄性鸭嘴兽的脚掌上有毒刺，遇到敌人的时候就会用毒刺刺敌人。
这是中毒了。快，飞机急救箱里有解毒针，雷顿去拿来。
鸭嘴兽的毒液毒性不大，不会致人死亡，只会疼痛几天甚至几周，但是，对阿力这样一只狗狗就不好说了。
阿力，都怪我，你不能死啊！我以后再也不欺负你了。

说，怎么回事？说实话，要不然，罚你一年没有小鱼干吃！
我嘴馋，想尝尝鸭嘴兽的蛋，让阿力去偷，结果被刚回来的鸭嘴兽爸爸发现了，踢了阿力一脚，就这样了。
还好，打了解毒针，阿力没有危险了，睡一觉吧，不过腿要疼几天。
胖虎，罚你这几天照顾好阿力。
LEI
唉，澳洲的这些动物看着一个个可爱，实际上却杀机重重呢！
可不是，袋鼠爱打架，鸸鹋搞破坏，食火鸟暴躁，鸭嘴兽毒刺。一不小心就倒霉了。

动物都有自己的领地，也有自我保护的技能。所以，不要破坏动物们的生活环境，否则，他们会反击的。
可是，人类要发展肯定要改造环境，这真矛盾呢！
发展经济和保护环境，本身是矛盾的，但还是要找到二者的平衡点，不能野蛮无序地发展和扩张。

我们还能躲到哪里去?

海中恶霸

这个恶霸，是想吃掉我们吧？
那咱就跟它好好玩一回！博士，我来驾驶。
来啊，你长翅膀了吗？小样，追不上了吧！
总算是有惊无险啊！
小菜一碟！

海洋馆的虎鲸

海洋馆里的虎鲸那么可爱，大海里的为啥这么凶啊！

虎鲸的智商在动物界算是比较高的，有记忆力，容易被驯化。

动物名片

虎鲸

哺乳纲 – 鲸偶蹄目 – 海豚科 – 虎鲸属 – 虎鲸

虎鲸也叫逆戟鲸，是海豚科动物。它们一般体长7~9米，体重3800~5500千克。雄性虎鲸的背鳍高达1米，这是虎鲸的标志性特征。虎鲸口内有数十枚锐利的牙齿，可以帮助它撕咬猎物。虎鲸喜欢集群活动，小群2~3只，大群可达30~40只。

虎鲸性情残暴而狡猾，属纯食肉性哺乳动物，以鲸、海豚和海豹等为食，是海里的恶霸。据记载，动物学家曾在一条长6.4米的虎鲸胃内发现了13只海豚和14只海豹的残骸。

被列为最危险的海中动物大白鲨，号称“噬人鲨”，它遇上虎鲸也会退避三舍。虽然大白鲨和虎鲸的体形、体重相近，但是虎鲸可以利用高速度跃出水面后再入水的冲击力，把大白鲨撞晕，然后趁机撕咬啃食。更何况，虎鲸是群体出动，它们一只接一只地跃出水面，连续撞击大白鲨，反应迟缓的大白鲨终究难逃一死。有科学家曾经做过试验，在深海中播放虎鲸啸叫的声音，发现声源周围百余海里范围内，大白鲨迅速逃离，而且之后很长时间内，大白鲨都不再进入这个范围。

“美味”的鲸奶

鲸是哺乳动物，那它是怎么哺乳的？鲸奶在水里会不会被水冲走？
雌鲸的生殖孔附近有乳腺，喂奶时，乳头露出来，幼鲸衔住乳头。
雌鲸用力收缩肌肉，乳汁喷入幼鲸的嘴里，很少会溢到海水里。少量溢出的鲸奶像白雾一样。
我要是能吃一口多好！求求你，几滴就行。

鲸奶中含有大量营养物质，帮助幼鲸的生长。一只幼鲸在哺乳期，每天要喝 400~1000 升鲸奶。
雷顿的奶瓶
0.3升
500升
“吸溜”！鲸奶肯定美味！要是我能喝几口多好！
在小说《海底两万里》中，尼摩船长就经常喝鲸奶，所以尽管他长期生活在海底，身体仍然很健康。
呕！又腥又油腻，还这么稠！
给，我省下几滴给你喝。
LEI

鲸奶的味道其实不好闻，有很重的鱼腥味道，脂肪含量很高，人体吸收不了。
鲸奶
脂肪含量
50%
牛奶
脂肪含量
5%
那加点糖和蜂蜜不就好了。我长大了开个“奶鲸”养殖场，专门提供美味营养的鲸奶。
饲养奶鲸？最大的蓝鲸每顿要吃8吨的鱼虾，你打算破产吗？
奶鲸养殖场
大规模人工饲养鲸不现实，经济成本过高。而且，取鲸奶不方便，可行性不大。
1000千米
好好的一个金点子，就这样被你们给抹杀了！

鲸的抗议

鲸是洄游动物，随着洋流在全球范围内巡游。它们就像候鸟迁徙一样，跟着季节和洋流去寻找食物。

你想把鲸圈养，这个想法很宏大，实现起来太难。首先就是你怎么把它们“请”进你的围栏里？

鲸的皮肤厚实，皮下有很厚的脂肪层，这些都是有利于抵抗深海海水的低温，防止热量散失。

如果把它们圈养在近海，彻底改变它们的生活环境，对它们就是严重的伤害。

麻烦你们人类，给我们鲸最后一点尊严和空间吧！千万别圈养我们！
我们蓝鲸最惨的时候被捕杀到全球只剩下不到 50 头了，现在好不容易才恢复到几千头。
你再敢瞎想，信不信我把你们的船吃掉？
虎鲸真能说到做到，它连动物的皮毛都吃。
吃掉一切

鲸

哺乳纲 – 鲸偶蹄目

鲸是海兽中的重要成员，体形像鱼，俗称“鲸鱼”。但鲸不是鱼类，而是哺乳动物，鲸类动物的共同特点是体温恒定。鲸的“鳍”其实是由四肢演化来的，而鱼类则不是。鲸用肺呼吸，鱼用鳃呼吸。鲸是恒温动物，鱼是变温动物。

鲸类是由5000万年前的陆生偶蹄类动物入水后演化而来。现代DNA测定，鲸和陆生哺乳动物中的河马亲缘关系最近。

鲸主要分为两大类：齿鲸类和须鲸类。习惯上，我们一般把体形大的称为“鲸”，体形小的称为“豚”。须鲸类体形都偏大，齿鲸类体形则有大有小。

鲸每天都要睡觉。睡觉的时候，它们通常总是几头聚在一起，找一个比较安全的地方，头朝里，尾巴朝向外，围成一圈，静静地浮在海面上。如果听见什么声响，它们就会立即四散游开。

鲸在海洋中游泳需要屏住呼吸，所以它们体内拥有许多特殊的构造，这能够让它们长时间在水中屏住呼吸、减缓心跳速度。每隔一段时间，鲸会从水面浮出，用位于头顶的喷气孔进行换气。不同种类的鲸喷出来的水柱的形状是不一样的。须鲸喷出的水柱是垂直的，又高又细；齿鲸喷出的水柱是倾斜的，又粗又矮。

须鲸

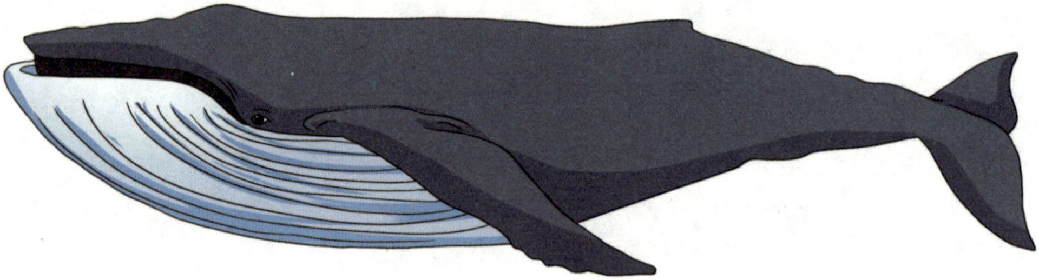

蓝鲸 身长可达 33 米，体重最重达 180 吨。

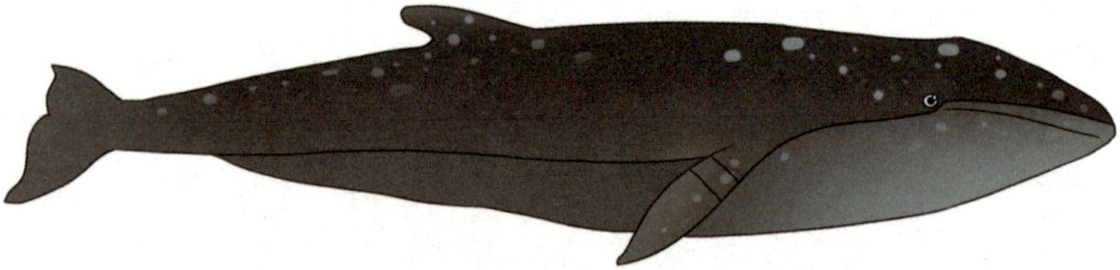

灰鲸 身长 15~18 米，体重最重达 100 吨。

露脊鲸　身长 15~17 米，体重最重可达 30 吨。

座头鲸　身长 13~15 米，体重最重达 30 吨。

动物影像馆

齿鲸

抹香鲸

身长 15~18 米，体重最重达 50 吨。

独角鲸

身长 4~5 米，它的角其实是它的长牙，长达 2 米多，与身体加在一起就是 6~7 米长。体重约 16~18 吨。

宽吻海豚

身长 2~4 米，最大体重可达 650 千克。

虎鲸

也叫逆戟鲸，最大的一类海豚，身长 8~9 米，体重最重可达 11 吨。

大海象

博士，你干吗开这么快啊？
我们去看一种北半球特有的海洋哺乳动物。
因为这种动物在北极圈附近比较多见，所以我们要赶很长一段路。
到底是什么动物啊？北极圈里，难道是北极熊？
博士都说是海洋哺乳动物了，怎么可能是北极熊？
LEI

北极熊生活在冰原上，也可以看成是海洋哺乳动物。但是今天我们要看的不是北极熊。

我们去看的是海象。

空摆设的长牙

海象，长着两颗大长牙的那个？
海象是两只脚还是四只脚？
海象长有四只脚，不过应该叫鳍脚或者鳍状肢。
它们中最大的体重可以达到3吨。

看，好多海象，怎么都是红色的啊？
海象的皮肤可以变色。在海水中，为了减少能量消耗，皮肤下动脉血管收缩，血液流动受到了限制，体表就变为灰白色。
海象登陆以后，血管膨胀，血液流动加快，体表就呈现出棕红色。一群海象卧伏在一起的时候，就如同铺在岩石上的一块巨大的棕红色地毯。
海象的食物很特别。它们不吃鱼，只吃瓣鳃类动物，就是我们常说的贝壳类生物，偶尔也吃一些虾蟹。
白长两颗大长牙了。

海里的狮狗豹

海象有长牙，无耳廓，以前后肢支撑身体，能在地面上行走。

海狗也以四肢支撑身体，能在地上活动，但无长牙，有耳廓。

海豹后肢永远向后，在陆地上只能拖行，或扭动身体行走。

这片海洋里，还有海狮、海豹、海狗等动物。海狗跟海狮关系很近，属于海狮科海狗亚科。

海狮在南北半球都有分布。北海狮体形最大，体重最重约 1 吨。

海狗在全球都有分布。它们的头部长得跟狗有点像，和海狮是近亲。

海豹与海狗体形相似，但海豹的后肢进化成尾鳍，不能用来走路，只能起到支撑作用。海狗的后肢进化成鳍脚，可以摇摇摆摆地走路。

海豹的种类很多，分布也很广，这是灰海豹。
海象、海狮、海狗、海豹、海牛都有了，就是没有海虎、海猫、海羊。

这是象海豹。有些地方把海獭称作海虎。海猫、海羊真没有，倒是有海兔。

现实中的美人鱼

博士，《海底两万里》说的儒艮，也是哺乳动物吗？
儒艮是海牛目，被叫美人鱼，是哺乳动物。它们哺乳的时候，用前肢把幼崽托出水面，远远看去像是在水中抱着婴儿的妈妈。
LEI
我听说儒艮跟大象有亲缘关系？
是的，生物学家比对了儒艮的头骨和牙齿，发现它们和大象之间存在着比较近的关系。

海牛属下分两科，儒艮科和海牛科。儒艮的尾部是两片半月形的尾叶。

海牛的尾叶是半圆形。另外，海牛的体型比儒艮要大一些。

海中小萌弟

博士，咱们去找海獭吧，听说它可萌了。
海獭是海洋中最小的哺乳动物。这么大的海面，可不好找啊。
不是说海獭喜欢晒太阳嘛，那它们平时喜欢在什么地方晒太阳呢？
海獭是鼬科海獭属动物，一般待在近海海藻多的地方。
我发现了一只……

它被吓跑了。看，海獭在水下动作多么灵敏，一点儿也不像人们说得那么傻萌。
它是发现食物了。
你们注意观察海獭吃食物的过程。

海獭找到海胆这样的食物后，会再找一块石头，一起带到水面上。
它仰浮在水面上，先把石块放在胸前，然后用前爪拿起海胆，在石头上敲碎。
咩咩咩，天天有海鲜吃！
看不出来，这海獭还会使用工具，那岂不是跟黑猩猩一样聪明了？

成年海獭体长70~120厘米，体重一般在16~40千克。
传说海獭睡觉的时候还手拉手，好朋友不分手，是不是真的？
是真的，不过不是因为关系好，而是因为它们怕被潮水带进大海深处。
它们在海面上睡觉的时候，还会在身上缠绕一些海藻，也是怕被潮水带走。

海獭跟它的陆地鼬科表亲一样，都拥有浓密的皮毛。
蜜獾
紫貂
水獭
狐鼬
海獭皮很珍贵，因为它拥有号称世界上毛发密度最大的毛皮，保暖性能极佳。
所以，海獭一度被大肆捕猎，甚至都到了濒临灭绝的地步。
濒危
从 20 世纪初，全球开始对海獭进行保护。经过了一百多年时间，现在全球海獭已经恢复到十多万只。
终于不用东躲西藏，又可以手拉手了。

下一站是哪里？
我也很期待呢！

越看越想看的漫画科学

·动物王国大探秘·

④ 新大陆上的纷争

张劲硕◎编著

航空工业出版社
北京

内容提要

博士带着雷顿和艾米来到神秘的亚马孙河，了解沿水而生的各种动物的生活习性与特点。无论是机灵鬼水豚，以叫声威慑四周的吼猴，拥有锋利爪子的食蚁兽，还是敏捷的美洲豹，凶残的大水獭和可怕的吸血蝙蝠，动物们为了生存都进化出了各自的保命手段。在许多未知的自然环境里，人类还是新手，想适应还需要向动物取经。

图书在版编目（CIP）数据

越看越想看的漫画科学．动物王国大探秘．新大陆上的纷争 / 张劲硕编著．-- 北京 ：航空工业出版社，2022.12（2024.2 重印）

ISBN 978-7-5165-3201-0

Ⅰ．①越… Ⅱ．①张… Ⅲ．①科学知识—少儿读物②动物—少儿读物 Ⅳ．① Z228.1 ② Q95-49

中国版本图书馆 CIP 数据核字（2022）第 242923 号

越看越想看的漫画科学

动物王国大探秘·新大陆上的纷争

Yuekan Yuexiangkan de Manhua Kexue

Dongwuwangguo Datanmi · Xindalushang de Fenzheng

航空工业出版社出版发行

（北京市朝阳区京顺路5号曙光大厦C座四层　100028）

发行部电话：010-85672688　010-85672689

三河市祥达印刷包装有限公司印刷　全国各地新华书店经售

2022 年12 月第1 版　2024 年2 月第2 次印刷

开本：889×1194　1/24　字数：34 千字

印张：4　定价：120.00元（全4册）

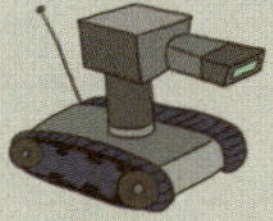

目录 CONTENTS

小心！！！

人物介绍

11岁，百科小达人，聪明调皮，好奇好问也好答，人送外号“牛小顿”。

雷顿

11岁，雷顿同班同学，神算小仙女，多事精，经常跟雷顿抬杠，雷顿背后称她为“学霸掉点渣＝学酥”。

艾米

自称“00”后（“00”后退休）万能博士，年龄保密，科普网红达人，网络江湖人称“有事问博士，有问必有答，有答偶有失。”

博士

雷顿的爱宠狗狗，聪明又懒惰，跟艾米的宠物猫胖虎相爱相杀，一天不见面就想，见面不到一刻钟就打。

阿力

艾米收留的流浪猫，爱干净，爱漂亮，因为曾经流浪的种种不愉快，所以懂得感恩，对艾米和雷顿都很友善。

胖虎

明星动物榜

臭鼬

水豚

驯鹿

巨獭

食蚁兽

貂熊

“老鼠一家亲”的水豚

对，下面是它的入海口，这里最宽处有240千米。
河的两岸是全球最大的热带雨林。
据说亚马孙雨林很神秘呢！

这里的动物可不少，我们一起去瞧瞧吧！
白天和晚上会有不同的动物出没。
什么声音？
扑通、扑通

啊……老鼠！南美的老鼠长这么大吗？
哈哈，这可不是老鼠，但它和老鼠是一家人，叫水豚。

水豚

动物名片

哺乳纲 – 啮齿目 – 豚鼠科 – 水豚属 – 水豚

提起老鼠，有的人会非常害怕。如果在野外，你看到了一只老鼠家的亲戚，那种大号的，身长 1 米多，体重约 60 千克，你会不会吓昏过去？

老鼠的这个“亲戚”叫水豚，其实是一种很绅士的动物，懂得谦让，能与各种动物和平相处。要是遇到鳄鱼或者野狗那样的霸道家伙，水豚就会迅速开溜了。它们在河里游得极快，野狗“狗刨式”都追不上。在地面上，它也跑得很快，至少鳄鱼那个笨家伙追不上它。

水豚的原产地主要在南美洲。曾经一度，因为当地人对水豚肉的迷恋，过度捕猎，野生水豚在南美洲几乎灭绝。后来经过当地政府的禁捕行动，野生水豚得到了保护，并逐渐恢复了种群数量。现在，水豚不再是濒危保护动物了，但在南美洲想要捕猎野生水豚，就必须要得到批准，持证猎水豚。

水豚憨憨的样子，不挑食的好脾气，让它成了宠物界的网红，很多人把它当宠物养。想想看，要是在马路上遛着这样一只“大”耗子，那是多么惬意啊！可是想想它的食量，还是算了，养不起，它一顿要吃 20 碗饭（嫩草 3 千克），告辞了。

吼猴在“吼吼”

我原本打算带一只水豚回去的，想想算了，它比我吃得还多。
啊！什么啊？
听着像猴子的叫声，但是这声音怎么这么大呢？
一定是吼猴，跟它的名字一样，吼声很大。
吼猴有一个鸣囊，当它发出叫声时，声音会外扩，所以听起来震耳欲聋。

哦，这是自带大音箱啊！
那它的声音能传递多远？
大约方圆1500平方米都能听到！
啊呜……

我随便清清嗓子，就把这几个人类吓坏了。
嗷嗷嗷，嗷嗷嗷……
咱们一起来个合唱，看他们啥反应！
吵死了，它们自己耳朵不难受吗？！
拿望远镜看得更清楚，它们的尾巴好长啊！
LEI

它们的尾巴可以当一只手，把自己挂在树上荡来荡去的。
它们的尾巴末端下面没有毛，可以卷握东西，和手的作用是一样的。
那它们的尾巴也可以拿东西喽。
吼猴是南美洲最大的猴类。吼猴的两个鼻孔距离较远，和生活在东南亚或者非洲的猴类不同。

因为常年生活在树上，它们的四肢和尾巴进化得十分灵活。

吼吼，村民们注意了，有三个人类进村了。赶紧上树！
吼猴发出叫声实际上是彼此间在进行交流，或者是遇到危险的时候对敌人的威慑。

吼猴们一早一晚，也喜欢吼叫，特别是群体吼叫，堪称亚马孙雨林中的交响乐。

南美洲的猴类

除了吼猴，南美洲还有很多有特色的猴类。

僧面猴面部圆而扁，活像一张老和尚的脸。因它头上的毛发被初见它的法国人以为是假的，还得名“假发猴”。僧面猴的主要种类有白鼻僧面猴、黑须僧面猴。

狨科是南美洲体形最小的猴类，其中毛狨体长仅15厘米左右，尾巴却长达20~25厘米。狨科下又分狨属、狮面狨属、狷（xū）属等。

蜘蛛猴的特征是没有大拇指（已经退化），尾巴比身体还长出一截。它们的毛色一般以黑色居多，形体和在树上爬的动作，酷似一只蜘蛛，因此得名蜘蛛猴。

“大块头”大食蚁兽

这个家伙看着有点太恐怖了！
它不是只吃蚂蚁吗？长这么高大，也会攻击人吗？
虽然吃蚂蚁和白蚁的大食蚁兽很少主动攻击人，但安全起见，我们还是躲着它吧。
看，它的爪子不仅巨大，还非常锐利。

网上说，大食蚁兽的爪子可以掏开白蚁的窝，还可以用来抵抗敌人的进攻。
大食蚁兽吻部呈细管状，舌头细长。它用弯钩样的前爪捣毁蚁窝后，把长长黏黏的舌头伸进去舔食白蚁。
大食蚁兽一天到晚都在忙碌地找食物吃。一个窝里的白蚁不够吃，它就到处扒白蚁堆。

贫齿总目动物

针对大食蚁兽这种没有牙齿或者一些牙齿发育不完全的动物，动物学有一个专门分类叫贫齿总目。

贫齿总目动物只在南美洲生活，属于原始的哺乳动物。它们有胎盘，在进化程度上高于鸭嘴兽等单孔目哺乳动物。

下面几种都是贫齿总目动物。

披毛目：二趾树懒

披毛目：三趾树懒

代甲目：大犰狳

穿山甲长得跟贫齿总目动物很像，习性也像，但却不是贫齿目，而是被划分到单独的鳞甲目。

丛林的夜晚

我知道，这是美洲豹，南美最大的猫科动物。
哎哟，美洲豹和大食蚁兽打架了。
大食蚁兽的爪子相当锋利，可以划开豹皮和肌肉，这头美洲豹要倒霉了。
美洲豹受伤还能上树？
美洲豹这些伤还不致命，而且它的眼睛能夜视，夜里爬树也没有问题。

夜晚直接观察还是太危险了，我们用“小坦克”观察吧！
这是……一头美洲狮？
是的。
这头美洲狮个头看起来有点小啊！
美洲狮虽然名字里带“狮”字，但它其实是猫亚科动物，体形巨大的非洲狮却是豹亚科动物。
美洲狮是猫亚科美洲金猫属，叫它“大猫”可能更贴切一些。
这是我家在南美的远亲。

那边草堆里，是什么动物？
镜头拉近一些。哦，我猜这是一只虎猫，有人也叫它“山猫”。
虎猫是美洲特有的猫科动物，算是中型猫科动物，在南北美洲都有分布，南美多一些。
既然有虎猫，那么有豹猫、狮猫吗？
没有狮猫，豹猫倒是有。不过豹猫都分布在亚洲地区，体形比虎猫小一些。
LEI

南美“夜战队”员

来，你们看这是什么？
用电脑图形搜索一下。这是一只巨獭，也叫“大水獭”。
我知道它，表面上萌萌的，实际上，凶着呢！食人鱼（红腹锯脂鲤）都是它的家常便饭，它还经常把鳄鱼尾巴啃下来当点心。
又是黑心的大水獭干的！
巨獭是日间动物。它现在出来，肯定是被惊动了。

这又是什么？
哦，这个是河狸鼠，也有叫海狸的。
河狸鼠的原产地也在南美洲。虽然叫河狸鼠，但是它跟河狸却没有关系。
河狸也常被误称为海狸。河狸鼠多了一个“鼠”字，却和河狸不是同类。
河狸鼠的皮毛可以做服饰，被世界各地大量引种，结果泛滥成灾，现在反倒成入侵物种了。
我就不该出门旅行的！

这只猴子的眼睛很特别啊，圆溜溜的，还炯炯有神。
这是南美特有的夜猴，只在晚上出来活动，是群居动物。这个是放哨猴，周围肯定有一大群它的同类。
不过，它是“眼大漏神”啊。夜猴大多是色盲，有红色盲，也有绿色盲。
那它夜晚怎么觅食啊？要是遇到危险呢？
虽然夜猴有色盲的缺陷，但它们听觉超常发达，甚至可以听到附近昆虫飞行的声音。
在南美洲，不光夜猴是色盲，很多种类的猴子都有色盲这个缺陷，造成这种现象的原因还不清楚，目前还在研究。
你们说的都不对，是黑灯。
红灯
绿灯
白灯

嗜血恶蝠

别看吸血蝠身长不到 9 厘米，却是嗜血恶魔！它可以在一头牛屁股上连续吸血十分钟而不被发觉。

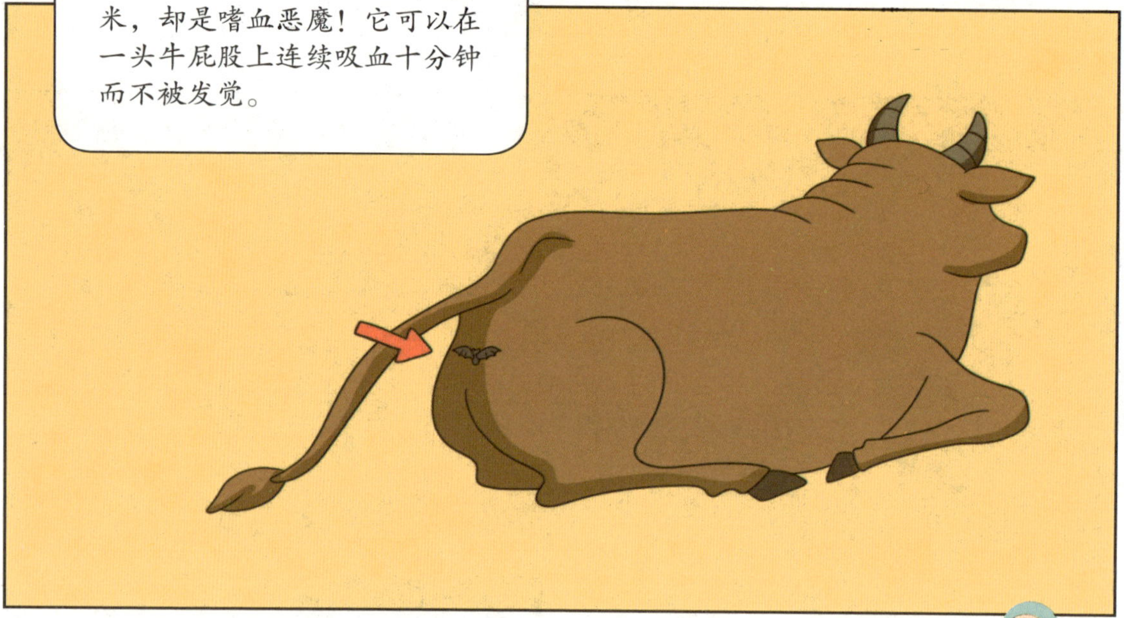

吸血蝠上颌牙齿前突，非常锋利，像一片三角刀片，可以刺穿动物的皮。

艾米小心，吸血蝠来了，我保护你！
不是要保护我吗？怎么自己还晕倒了呢？
只是一片树叶！
原来雷顿的胆子这么小啊！

醒醒，雷顿！
咦？吸血蝠跑啦？
我怎么什么都看不见了，是不是吸血蝠给我下毒了？
哈哈，演得我差点都信了！

雷顿，刚刚只是一片树叶，就把你吓晕了。
他是平时神怪小说看多了，把吸血蝠想象成了地狱恶魔。
全世界已知的1300种蝙蝠中，吸血蝠只有3种，都在南美的森林中。它们是普通吸血蝠、白翼吸血蝠和极其罕见的毛腿吸血蝠。
吸血蝠身上携带各种传染性极强的病菌和病毒，对哺乳动物伤害远比它吸血造成的伤害更大。
蝙蝠还是多种传染性病毒的源头，包括致命的埃博拉病毒、SARS病毒等。
那我们最好还是远离蝙蝠吧，这些小东西，看长相就让人不寒而栗。

动物名片

蝙蝠

哺乳纲 – 翼手目

全世界的蝙蝠现有118科约1300种，分为大蝙蝠和小蝙蝠两大类，遍布除南、北极以外的所有大陆和海岛。为了适应不同的生存环境，蝙蝠进化出了不同的特性，包括飞行、回声定位、冬眠、迁徙等。

蝙蝠是唯一演化出具有真正飞行能力的哺乳动物。蝙蝠的前肢进化成了翼手，指骨和掌骨之间长出了皮膜。两翼皮膜从前肢一直连到后肢踝部，两个后肢之间也有皮膜连接。

蝙蝠具有很强的飞行能力，能够在非常狭窄的地方敏捷地转身，即使在夜间，也能依靠回声定位自由地飞行和捕获猎物。几乎所有的蝙蝠都是白天休息，夜间觅食。它们成群地栖息在山洞、地洞或者建筑物内，几十只甚至几万只，倒挂着休息。

天气寒冷的时候，有些种类的蝙蝠甚至会像鸟类一样进行长距离的季节性迁徙，到南方去过冬。留在原地的种类则进入长时间的冬眠。冬眠期间，它们的新陈代谢能力降低，呼吸、心跳、血流速度都会放慢，体温也会降到和环境一致的温度。

大多数种类的蝙蝠平均寿命为4~5年，已知最长的可达33年。

蝙蝠是多种人畜共患病毒的天然宿主，能够携带数十种病毒。医学发现，蝙蝠是埃博拉病毒、SARS病毒、狂犬病毒和MERS冠状病毒的源头，这些病毒由蝙蝠身上的原始病毒变异而来，成为新型病毒，并给人类带来极其严重的传染性疾病。

天然宿主	引起的疾病	病毒
多种蝙蝠	狂犬病	狂犬病毒
埃及果蝠	马尔堡出血热	马尔堡病毒
锤头果蝠、饰肩果蝠	埃博拉出血热	埃博拉病毒
菊头蝠	严重急性呼吸综合征	SARS-CoV
狐蝠	脑炎	尼帕、亨德拉病毒
果蝠	严重急性发热性疾病	Sosuga病毒
墓蝠	中东呼吸综合征	MERS病毒

胖虎被试验

博士，为什么晚上夜行动物能看见，我们人类却看不见啊？
我们的眼睛就像一架照相机，眼球前方的瞳孔相当于光圈快门，控制进入眼球光线的强弱。瞳孔后面的晶状体起到聚焦作用，眼球底部的视网膜可以感光。光线通过瞳孔进入晶状体，调节后落在视网膜上，从而产生视觉。
相机的光圈是可以缩小和放大的，难道夜行动物的瞳孔也能随意调节？
对！夜行动物能够根据周围环境，迅速扩大和缩小眼睛的瞳孔。

到了夜里，夜行动物的瞳孔就会变大，让更多光线进入眼睛，从而调整好视力，对好焦距，看清物体。而那些习惯白天活动的动物，瞳孔不能随意变大。

对了，有时候我白天看胖虎时，它的瞳孔会变成一条缝，我还以为它故意不理睬我呢！

除了调节瞳孔，夜行动物的眼睛里能感受弱光的细胞也十分发达，所以它们在晚上看得更清楚。

拿手电照射一下胖虎的眼睛。
啊！讨厌！快关上！

等到周围光线变暗后，猫的瞳孔又恢复成又大又圆的样子了。
还有，你们看胖虎的眼睛是可以发光的，这是因为猫的眼睛可以反射光线。
什么呀！人家是气得眼圈发红！
再试试你的，你的瞳孔什么反应都没有，因为我们人类习惯于白天活动。
LEI

总结一下就是，人类的眼睛瞳孔调节能力不强，弱光感受细胞不发达，所以在夜晚看不清。
不过，戴上我发明的红外眼镜，就可以在黑漆漆的夜晚看得清清楚楚了！
但是，红外眼镜有个缺点，就是不能像夜行动物那样自动调节。如果遇到突然的亮光，比如车灯，会产生短暂失明的现象。

夜行秘密武器

夜行动物眼睛的这些特点，也给它们带来了不少麻烦。
很多大型猫科动物，夜间出来觅食本来是不需要光线的，只凭借夜视力和嗅觉、听觉，就能找到猎物。
但如果这时候出现火光，就会让它们的视力大大下降。
同时，火还带有高温，这是每个动物都会恐惧的。

森林中的野兽，更是很少见过火。天生的警惕性，让它们对这种光和热产生畏惧。
野外宿营的时候，一定要点起一堆篝火，不仅可以取暖做饭，还可以防止野兽袭击。这可是夜行的秘密武器哟！
家养的宠物就不怕火和光。我在沙发底下找东西时，阿力就叼着手电筒给我照明。
我看经常来小区里的那只狐狸也不怕光，上星期还偷偷把一楼的大公鸡给叼走了。

南美大网红

新的一站到了！这里是安第斯山，纵贯南美洲的山脉。这里还有一种网红动物呢！
啊？这里还有网红？
这里有一种人人都喜爱的可爱动物。

啊，羊驼！
羊驼

咦？又是一只羊驼？有啥不一样呢？
骆马

一种是网红羊驼，一种是骆马。你们俩能区分出它们吗？
长得太像了，就是个头不一样。
它们都是骆驼科羊驼族，一个是小羊驼属，另一个是骆马属。
我还是没区分出来。
我觉得羊驼的毛细一些，骆马的毛粗一些。还有耳朵不同，脖子粗细也不同。
LEI
LEI

南美洲的骆驼科动物中，现在有四种，都是羊驼族的，分别是驼羊、羊驼、骆马和原驼。

为什么羊驼会在安第斯高原上生活呢？
骆驼科的祖先本来在北美洲，其中一支沿着中美洲南下，直到到达安第斯山脉才找到存身之地。
这里海拔接近 4000 米，一般的猛兽都承受不了这里的环境。骆驼科家族成员吃苦耐劳的本领让它们逐渐适应了这里恶劣的环境。
啊，我恐高！

骆驼的远征

博士，您刚才说骆驼的老家在北美洲？可是现在北美洲并没有骆驼啊！
这个是？
这就是骆驼的祖先，远古原驼，已经有6000多万年的历史了。
在大约1000万年前，原驼们分成了两支，一支到了南美洲成了羊驼族，另一支跨过白令海峡“冰桥”，到了亚洲和非洲，最终进化成了双峰驼和单峰驼。

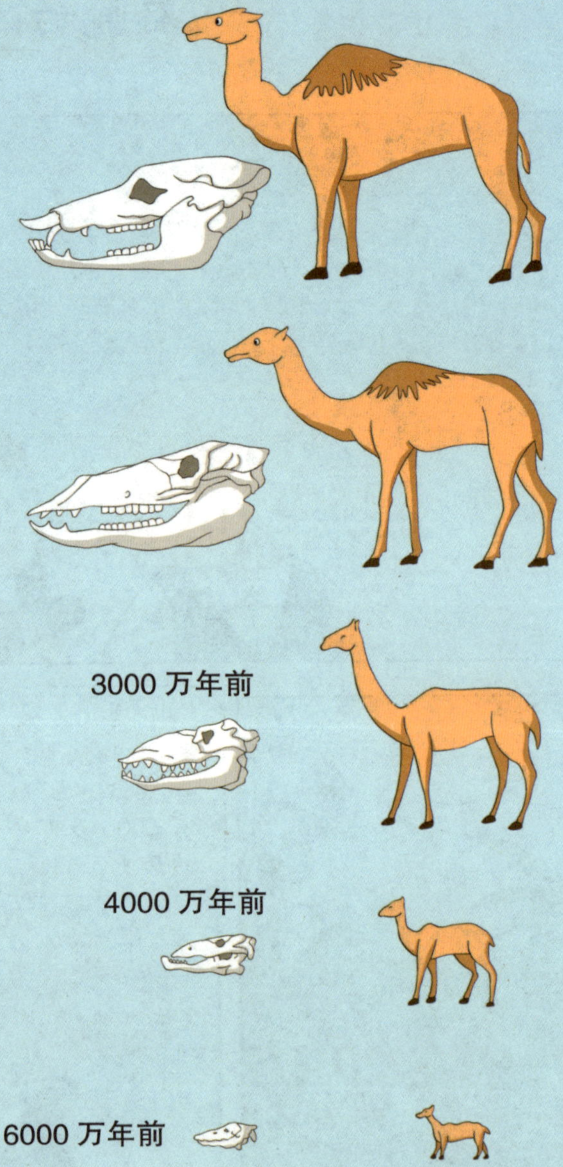

骆驼并不是一开始就像现在这样高大，而且它们那时候也没有驼峰。1000 万年前的骆驼，背部只有微小隆起，里面是肌肉，不像现在的骆驼驼峰里面是脂肪。

一部分远古原驼到了中亚地区，在干旱的沙漠地带找到了生存地域，慢慢地进化成了双峰驼。

其余的部分继续向西南走，最远越过红海到达了非洲，这一支进化成了单峰驼。

动物名片

骆驼

哺乳纲 – 鲸偶蹄目 – 胼足亚目 – 骆驼科

骆驼科有3属，6~7种，主要分布在亚洲、非洲和南美洲，原产地在北美洲。

人们常说的骆驼是指单峰驼和双峰驼，它们的祖先远古原驼在北美洲。约1000万年前，一支远古原驼种群从北美洲出发，经过白令海峡“冰桥”，进入亚洲，并继续向西南行进，最终，在中亚地区留下了一部分，其余的经过阿拉伯半岛，最远到达非洲北部地区。

原驼属和骆马属是从北美洲进入南美洲的远古原驼进化而来的，体形较小，没有驼峰，主要分布于安第斯山区和南美洲南部的草原、半荒漠地区。

现在在中国西北地区和中亚地区还有少量野生的双峰驼，单峰驼已经没有野生种群了。

骆驼科动物是最大的偶蹄目哺乳动物。它们颈部长，头小，没有角，唇裂开，鼻孔可以关闭。体形一般较大，腿较细，有宽阔的足垫。这些身体特征可以让它们适应干旱、炎热的气候。

骆驼以能吃苦耐劳、忍饥挨饿出名。是亚洲和非洲地区较早被人类驯化的动物之一。骆驼能在牛、马不能行走的沙漠地带携带货物运输。骆驼吃饱喝足一次后，可以连续几周不再补充食物和饮水，能在沙漠中携带几百千克货物行走。在古代，草原民族还把骆驼训练成坐骑，组建骆驼骑兵用来打仗。

骆驼对生活条件要求十分低，荒漠里长满尖刺的骆驼刺和梭梭草，别的动物对其望而生畏，骆驼们却能大口咀嚼。有经验的骆驼手，会在出发前，给骆驼喂食生鸡蛋和豆饼等精饲料，这让骆驼的体力更加充沛。

家骆驼对人类帮助很大，骆驼绒可以纺织成毛线织毛衣，骆驼皮可以制成皮革，骆驼奶营养丰富，驼峰和驼唇更是名贵食材。

骆驼生存秘技

骆驼为什么能在缺食少水的沙漠中生活呢？这是因为它有驼族“独门秘技”。

能量秘技——驼峰里储存着许多脂肪，因此，骆驼可以长时间不吃食物或吃些缺少营养的食物。

视野秘技——眼睛和耳朵周围都长有长长的毛，可以防止飞沙进入眼睛或耳朵。

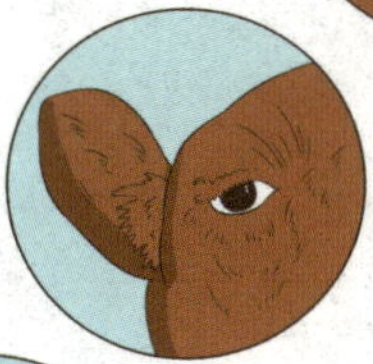

快餐秘技——胃能分泌水分，使干草变得湿润，易于消化。

呼吸秘技——鼻孔里不仅有毛，而且还可以自由关闭，能有效地防止沙粒进入鼻孔。

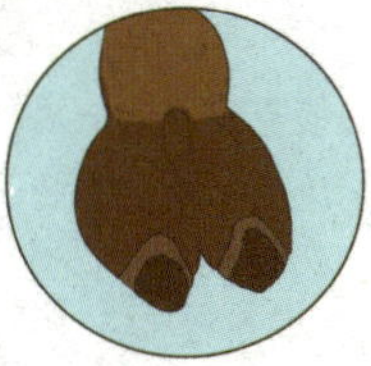

行走秘技——同时迈动同侧的前后两脚行走，可以减少长途旅行的疲劳。脚趾宽大，适于在沙漠上行走。马行走是对角线的足一起动，你注意到了吗？

保水秘技——皮下有发达的脂肪层，可以防止体内的热量和水分散发出去。

荒漠大搏杀

博士，干吗在这片沙漠停下了？

这里是北美洲最大的荒漠。在这里，我们可以看到人类给大自然留下的伤疤。

你们知道吗？300年前，这里还是绿草如茵、水草肥美的大草原，是各种动植物的天堂。

当时，这里光是野牛就有1000万头之多，更别说其他众多的哺乳动物和鸟类。当时全北美的野牛就更多了，有6000多万头。

野牛、羚羊多了，这里的猛兽也就多了。
北美灰狼是有组织的“犯罪团伙”，它们经常结伙捕食野牛。
难道是灰狼过量捕食野牛，造成这里变成沙漠的？
不是。灰狼虽然捕食野牛，但它们主要捕食年老体弱的，并不影响野牛群的发展。
野牛在这片几十万平方千米的草原上，来回迁徙，选择水草肥美的地方停留，留下了大量粪便，为植物提供了肥料。

这里还有大群的叉角羚，它们的角是硬骨质，形状却像鹿角一样有分叉。

这里还有大量叫声像狗一般的草原犬鼠，它们是松鼠科动物。

犬鼠不像松鼠一样会爬树，它们更喜欢挖洞。

这是一张草原犬鼠的地下洞穴图，里面“房间”很多，分门别类，还留有逃生口。

哺乳动物的粪便、犬鼠挖洞等行为，都对草原有益处，既疏松了土壤，也提供了肥料，让这里草木更加茂盛。

这里还有少量的印第安人居住。他们过着刀耕火种的原始生活，偶尔也狩猎野牛和叉角羚，但是对这些动物的种群发展也没有影响。

失去的乐土

直到 300 年前的一天……
一群欧洲人带着火枪来到草原，野牛们开始遭殃了。
因为野牛的皮能制作皮革，运到欧洲去能卖个好价钱。
牛皮被剥走，肉和骨头被就地遗弃或者加工成饲料。

于是，野牛们纷纷倒在人类的枪口下。曾经有个人在一年半捕杀了 4280 头野牛。
这种一边倒的屠杀持续了 200 多年。到 20 世纪初的时候，北美大陆的野牛，从 6000 万只被杀到只剩下 24 只了。
啊！太残暴了！
在一些私人领地上还有几百只人工饲养的野牛，可以说美洲野牛几乎灭种了。

野牛被屠杀光以后，本来酷爱吃牛肉的灰狼，改吃叉角羚了。
但是，猎人们又开始捕杀叉角羚。北美地区原有3000多万只叉角羚，到1924年的时候，只剩下不到3万只了。
很多人猎杀叉角羚，就是为了把它的头和角拿回家去做装饰。
野牛和叉角羚被杀光后，灰狼没有了食物来源，开始大量饿死。

欧洲人又在这里办起牧场，放牧奶牛和羊。
但是，这些牛羊在草地上奔跑的时候，经常会被犬鼠的洞口扭断腿。
臭老鼠，我跟你势不两立！

于是，农场主用剧毒的药物毒杀草原犬鼠。

草原犬鼠被大量毒杀的同时，草原上的鸟类和小型动物误食了毒药，也大量死亡。

鸟儿们在草原上缺席后，乐坏了昆虫们，它们开始大量繁殖，啃食植物，破坏草原。

牧场是固定的，家畜们反复啃食一块草地，这块草地被踩踏得硬实起来，来年就无法长出来青草了，土地也就荒芜了。

最终，这里变成了现在这个样子——北美洲最大的荒漠。

任何不加节制的外力破坏，都会对自然界造成严重伤害，甚至是伤疤。这里就是人类留给大自然的伤疤。
LEI

顶级刺客

接下来，我们去见识一个漂亮的“臭蛋”。
见了你们就知道了。这种动物最擅长“臭气攻击”。我们先降落！
是什么动物呢？
大家快点下来呀。
危险！

你看那边。
怎么了？
什么也没看到啊！
再仔细看看。
噢，一只小动物啊！看上去没有攻击性嘛！

你没看到它叼着幼崽吗？这是臭鼬，带崽的雌臭鼬非常危险！
我不去招惹它就行了，难道它还要扔下孩子咬我？
臭鼬会主动进攻，放出臭液。特别是带崽的雌臭鼬，它可以对周围出现的任何危险苗头发起攻击。
一旦沾染上臭鼬的臭味，十几天都洗不掉。更可怕的是，这种臭液，一旦被喷射到眼睛里，还会短暂失明。

有时候公路上行驶的汽车，会莫名其妙地被臭鼬“免费”赠送一顿毒气大餐。

在北美，连美洲狮和灰狼这类猛兽都不敢招惹臭鼬，臭鼬的臭气可以散播几百米。
难道臭鼬就没有天敌了？任由它横行？

当然不是，美洲雕鸮（xiāo）就是一种爱吃臭鼬“重口味”动物，有人曾经在一只雕鸮的巢里发现过57只臭鼬的残骸。
那可真是臭到家里了。

水上村落谁人造

这儿的房子好特别啊，是印第安人的水上村庄吗？
等等，穿上防寒服再出去。
这里位于北温带，外面温度已经到了零下。
我们自带皮大衣，不怕冷！
咦！冷风飕飕的啊！

什么声音？咔哧、咔哧的。
这是伐木的声音。
这里住着一群聪明的“伐木工”。
哦，说了半天，原来是北美河狸啊。

刚才看到的那些水上房子，就是河狸的家吗？

还有水上围栏！
准确地说，那是水坝，是河狸建造的，也叫河狸坝。

水利工程师

河狸的窝建造得十分科学，外面是直径 1~3 米的大圆包，里面被分成若干小房间。虽然建在水上，可是窝里却既干燥又暖和，空气也流畅，河狸过冬和生育都在里面。

河狸是天生就会造房子吗？
这个还不清楚。当地人说是河狸的门牙长得过快，每天要在树干上磨牙，被啃断的树干闲着没用，所以就被河狸用来造房子和水坝。
河狸的窝一般有2~5层，水上、水下都有，水面以上的部分主要是住宿和起居，水面以下是出入口。
河狸窝里面的结构都一样吗？
哇塞，这个河狸不简单啊！

河狸窝的结构大同小异。它们每天的生活就是伐木——截成段——搬运——垒窝。为了运输方便，它们还造出了运河和拦水坝。
没有工具，它们是怎么做到的？
就用它上下各一对的大门牙。河狸也是啮齿目动物，它的门牙会不停地生长，所以要不停地打磨。

用牙咬要很长时间吧？
河狸啃木头很快，像成年人腰一般粗的一根树干，它们两个小时就能啃断。
嚯！高效啊！
河狸啃咬树木，对森林造成了一定的破坏，但是它们筑拦河坝，又营造了生态小环境，给当地的生物循环带来益处。

戴白围巾的驯鹿

博士，我们快到北极了吧？
这里是北纬60°以北的苔原地带，已经非常接近北极了。这里的土壤从几厘米以下终年冰冻。
哇，好大一群驯鹿！
在苔原地带，驯鹿是常住户。

驯鹿浑身长满了毛。冬季，厚实毛发帮它们抵御严寒。到了春夏季节，它们开始换毛，身上长出一层绒毛，便于散热。
驯鹿的白围巾肯定暖和。

这些驯鹿是要去哪儿啊？
每年初冬季节，北美驯鹿会南下到温度较高的温带寻找食物。到了来年春季，它们再返回苔原地带。
哺乳动物也有迁徙？
没错。北美驯鹿主要吃苔藓类食物，尤其钟爱石蕊。夏季，这里的土壤冰层下降，地表有苔藓地衣生长，驯鹿们不愁找到食物。
冬季的时候，这里的积雪覆盖厚达一米，驯鹿就只能往南方寻找食物。在南方，苔藓虽少，但它们可以吃到很多嫩树叶和草叶。

威风凛凛的鹿角

驯鹿来回迁徙，没有固定的窝吗？
驯鹿要吃苔藓，一定要跟着季节走，这样就得迁徙。北美驯鹿的迁徙路线最长达 2000 千米，其他地区的驯鹿也有几百千米的南北迁徙。
我看这群驯鹿都是雄鹿，难道雌鹿和幼鹿都在另外的队伍里吗？
说不定这是它们的侦察兵呢！

你们仔细观察一下。
咦，喂奶的鹿也长着角？

怎么回事？难道驯鹿爸爸也负责育儿？

驯鹿的雌鹿也长角，只是没有雄鹿的角高大、漂亮。
幼鹿出生一周以后，就长鹿角。先冒出来的是鹿茸，后来变成硬质的角。旧的鹿角每年都要脱落，再长出新的来。
雄鹿在示威的时候，总是摇晃它的那对大角，同时直立前身，吓唬对方。

鹿狼大战

这只驯鹿怎么不跑了？
它太老了，跑不动了，在哀鸣。
灰狼已经做好最后出击的准备了。
看样子，这应该是一群北美灰狼，领头的是狼群首领。

太可恶了，这么多狼欺负一只老弱驯鹿。

凶残的另一面

狼群也是饥饿难忍，才对驯鹿这样的大型动物下手。
春夏季的时候，苔原和草地上，小动物们很多，狼的食物也丰富。
小兔子乖乖，你闯入我的地盘上了，只能吃掉你了。
冬天，小动物们要么冬眠、要么待在洞穴中很少出来，也有的去了南方。
小兔子乖乖，我咋看不到你了？
天气越冷，狼的食物来源越短缺，只好冒险向驯鹿这样的大型动物下手。

夏季觅食容易，狼爸爸和狼妈妈只留当年出生的幼狼在身边，其他子女被赶到很远的地方。
这么大一群狼，十几头呢！

到了冬天，觅食困难，子女们又都回到狼群，团队狩猎的成功率也高一些，每头狼都能分到一些食物维持生存。

狼爸狼妈对子女真好，始终给出去闯荡的小狼们保留温暖的家。
如果小狼饿肚子了，窝里又没有食物，狼爸甚至会把自己刚吃下去的食物吐出来给孩子吃。
母狼在窝里哺育幼狼的时候，狼爸会尽心尽力地出去找食物，带回来给母狼补充营养。
狼虽然对外凶狠，对内却十分顾家有爱。

狼群的家庭观念很强，甚至不会允许其他狼进入自己的领土。

一旦在自己的领土上遇到外狼，就会以死相拼。

嗷呜，我的地盘我做主！

鼬科一哥

狼群走了，驯鹿群也跑远了，把小坦克收回来吧。
嘀嘀嘀——
小坦克发出警告，附近有猛兽！
没有什么发现啊，不就是那边躺着一只黑貂嘛，是不是小坦克误报啊？

小坦克没有误报，是你观察得不仔细。

这是寒带地区最凶猛的野兽，堪称是动物界杀手，两三头狼都不是它的对手。这家伙是貂熊，也叫“狼獾”，还有一个响当当的雅号“鼬科一哥”！

貂熊敢主动向狼、黑熊甚至美洲狮发起进攻，夺取它们嘴边的猎物。
倒霉！貂熊来了，这家伙太无赖，打架玩命，我可惹不起，还是赶紧躲起来吧！

貂熊不但凶狠，还狡猾，它们经常蹲伏在树上，偷袭路过的动物。

雪原无赖子

貂熊的视力很差，但是嗅觉十分灵敏。
它们经常去偷狼、熊、猞猁等猛兽吃不完的猎物。
博士，这家伙跟非洲平头哥蜜獾关系很近吗？
它们都是鼬科家族，貂熊是貂熊属，蜜獾是蜜獾亚科。
哎，狼獾在叫了，听听它说啥？

今天真是个好日子，偷到一只香喷喷的驯鹿腿！
偷东西上瘾啊！

貂熊很聪明，为了避免与猛兽对打受伤，经常跟在猛兽后面偷盗。

貂熊还很节约，不管是自己猎获的还是偷来的食物，吃不完的就分成小块腌起来以后再吃。

你们猜猜，貂熊用什么来腌食物？
冰雪？
盐？
都不对，貂熊是用自己的尿来腌食物，然后用鼬科特有的臭腺，在周围喷上臭液。这样，任何动物都不敢来偷它的食物了。
呕！……这么重口味的食物，也只有它自己能享受了。
尽管貂熊很凶猛，但是经过人类多年来的滥捕，已经是濒危动物了。现在，貂熊是国家一级保护动物。

貂熊一般是在秋冬季交配，春季生产，每胎能生 2~3 只幼崽。
雄貂熊非常霸道。长大的幼崽，无论雌雄，都被赶出领地。雄性幼崽被赶得更远，甚至会在几百千米之外。
雌貂熊非常凶猛，如果有其他动物靠近巢穴，它会拼死驱赶。
你信不信我会打得你怀疑“狼生”！

铃儿响叮当

博士，又来了几只驯鹿。
可能是刚才掉队的，这么少几只驯鹿在雪原上行走，是很危险的。
你们好，我叫鲁道夫，我们可以送你们回家。
哇，好棒啊！我们可以唱着“铃儿响叮当”回去了！